轻料理

低卡减脂家常菜

萨巴蒂娜

主编

U0255481

中国轻工业出版社

目 录
CONTENTS

计量单位对照表
1茶匙固体材料=5克
1汤匙固体材料=15克
1茶匙液体材料=5毫升
1汤匙液体材料=15毫升

CHAPTER1
清爽凉菜

牛油果芒果大虾沙拉
040

冬瓜虾仁
041

黄桃虾仁
042

魔芋凉拌虾仁
043

蜜柚鲜虾沙拉
044

盐烤鳕鱼秋葵
045

什锦龙利鱼沙拉罐
046

金枪鱼吐司碗
047

三文鱼藜麦沙拉
048

三文鱼芒果沙拉
049

三文鱼牛油果沙拉
050

CHAPTER2
可口热菜

五色菠菜卷
052

玉米杂蔬汤
053

剁椒茄子
054

无油青椒炒杏鲍菇
055

酸辣魔芋丝
056

咖喱魔芋炒时蔬
057

香煎秋葵
058

什锦面筋煲
059

清蒸黄瓜塞肉
060

苏子叶鸡肉卷
061

奥尔良鸡腿肉烤土豆
062

白菜煲鸡腿
063

番茄罗勒炖鸡胸
064

番茄焖鸡胸丸
065

清蒸鸡胸白菜卷
066

笋干蒸鸡胸
067

杏鲍菇煎炒鸡胸肉
068

番茄南瓜牛腩煲
069

番茄酸菜炖牛肉
070

牛肉炖萝卜
071

蚝油芦笋牛肉粒
072

牛肉豆腐锅
073

低脂狮子头
074

鲜虾香菇盅
075

清蒸虾仁丝瓜
076

鲜虾白菜包
077

虾仁豆腐羹
078

虾仁春笋炒蛋
079

盐焗虾
080

蒜蓉开背虾
081

虾蓉酿丝瓜
082

杂蔬炒虾仁
083

虾仁烩豆腐
084

香菇酿虾丸
085

海鲜豆腐南瓜煲
086

清蒸巴沙鱼片
087

番茄豆腐鱼
088

芦笋龙利鱼饼
089

意式香料龙利鱼
090

番茄龙利鱼
091

香煎龙利鱼
092

香菇蒸鳕鱼
093

蒜香花甲
094

牡蛎烧豆腐
095

浇汁玉子豆腐
096

秋葵蒸水蛋
097

胡萝卜炒鸡蛋
098

北非蛋
099

香菇伞蒸蛋
100

CHAPTER3
营养主食

凉拌鸡丝荞麦面
102

咖喱南瓜西葫芦面
103

大杂烩热汤面
104

三丝荞麦面
105

虾仁牛油果酱拌意面
106

牛肉乌冬面
107

金黄南瓜饼
108

全麦紫薯饼
109

奶香玉米饼
110

零油香蕉松饼
111

脆香饼
112

土豆鸡蛋饼
113

酸奶饼
114

蔬菜鸡蛋饼
115

杂菜豆腐饼
116

韩式泡菜海鲜饼
117

虾仁蛋饼
118

全素玉米卷饼
119

黑芝麻火腿鸡蛋饼
120

鸡蛋玉米饼
121

黑椒土豆饼
122

南瓜花卷
123

玉米鸡胸肉卷
124

海苔山药卷
125

鸡胸肉吐司卷
126

刀切黑米馒头
127

香脆馒头
128

高纤杂粮饭
129

胡萝卜香菇糙米饭
130

超模藜麦饭
131

蒜香鸡腿饭
132

排骨焖饭
133

海鲜焖饭
134

华丽蛋炒饭
135

紫菜蛋炒饭
136

鲜虾鸡肉饺
137

缤纷开放三明治
138

牛油果三明治
139

全麦餐包
140

海苔虾仁燕麦饭团
141

鸡胸糙米时蔬饭团
142

大虾饭团
143

红豆燕麦粥
144

凉拌豌豆苗

⏰ 5分钟　🍲 简单

▼ 原料

豌豆苗300克

▼ 配料

橄榄油1/2茶匙 ┃ 胡椒粉1/2茶匙 ┃ 盐1/2茶匙

食材	热量
豌豆苗300克	96千卡
合计	96千卡

—— 烹饪要点 ——

焯过水的豌豆苗要过一下凉水，一是保证其鲜绿的色泽，二是保证其清脆的口感。

▼ 制作方法

1 将豌豆苗去根，择洗净。

2 烧一锅水，水沸后放入豌豆苗，焯烫2分钟。

3 捞出豌豆苗，立即放入凉开水中过凉，约半分钟。

4 捞出，控干水分，加入橄榄油、胡椒粉和盐调味即可。

豌豆苗味道清香、质感柔嫩。别看它柔柔嫩嫩的，却含有丰富的膳食纤维，清理起肠道来可是绝不含糊，常吃还能增强免疫力。常吃这道菜，减脂真的很简单。

蒜泥豇豆

⏱ 10分钟　🍲 简单

▼ 原料

豇豆300克

▼ 配料

食用油1/2茶匙 ▎蒜10克 ▎盐1/2茶匙 ▎生抽1茶匙

食材	热量
豇豆300克	99千卡
蒜10克	13千卡
合计	112千卡

这道资深健康凉菜的精髓就在大蒜上。蒜泥捣好后静置15分钟，生成的蒜素具有抗氧化、促进血液循环、加速新陈代谢的功能，能够排毒减重。减脂期可常吃这道菜，吃完之后嚼一颗口香糖可减少口腔异味。

▼ 制作方法

1 豇豆去头、去尾后洗净，切成3厘米左右的段。

2 大蒜去皮后洗净，剁成蒜末备用。

3 烧一锅水，加少许盐，水沸后放入切好的豇豆，大火煮沸后，转小火再煮1分钟。

4 煮好后捞出，冲一下凉水，放在一旁控干水分。

5 取一炒锅，烧热后倒入一点油，放入蒜末，小火慢慢煸炒出香味，不要炒焦，然后关火。

6 放入控干水分的豇豆，再加入盐和生抽，与锅中蒜末搅拌均匀，即可盛出装盘。

—— 烹饪要点 ——

焯豇豆时，锅中滴入几滴油或加一点盐，是为了保护豇豆翠绿的颜色，同时也可以减少营养的流失。其他青菜焯水时同样适用这种方法。

腰果香脆可口，含有大量营养物质，但多吃会腻，把芦笋的清爽搭配进来，加上少许白醋，能让口感变得更加丰富、爽口。

芦笋拌腰果

⏱ 20分钟　🍲 简单

▼ 原料

芦笋300克 ┃ 腰果50克

▼ 配料

盐1/2茶匙 ┃ 白醋1茶匙
生抽1茶匙 ┃ 橄榄油少许

食材	热量
芦笋300克	57千卡
腰果50克	276千卡
合计	333千卡

▼ 制作方法

1 芦笋洗净后切成小段。

2 芦笋入沸水中焯熟，捞出后在冷水中浸泡至凉，沥干水分备用。

3 锅内倒入橄榄油，倒入腰果，小火翻炒至金黄色。

4 腰果冷却后，拌入芦笋。

5 淋上白醋、生抽和盐，搅拌均匀即可。

—— 烹饪要点 ——

1 炒腰果、花生米这类坚果，都是冷油小火翻炒，这样口感才香脆。
2 如果购买的是无盐腰果，在炒制的过程中可以加入少许盐调味。
3 可以用喜欢的坚果替代腰果，比如核桃、夏威夷果等，这类坚果则不需要放盐炒制。

芥末冰镇芦笋

⏱ 5分钟　🍲 简单

芦笋热量极低，却富含膳食纤维和维生素，我们采用水煮冰镇的烹饪方式，极大程度地保留了食材的营养，并且控制住了烹饪过程中所产生的热量。

▼ 原料

芦笋500克

▼ 配料

生抽1茶匙 ┃ 日式芥末少许

食材	热量
芦笋500克	95千卡
合计	95千卡

▼ 制作方法

1 芦笋洗净，放入沸水中焯熟。

2 捞出芦笋，过冷水，沥干水分，备用。

3 盘子底部垫上碎冰块，将芦笋摆放于冰块上。

4 生抽倒入蘸料碟中，挤上一小段日式芥末，搅拌均匀即可。

─── 烹饪要点 ───

芦笋入沸水中焯软即可，尽量保持脆嫩的口感。

5 芦笋蘸酱料吃。

腐竹因其独特的口感、浓郁的豆香、高蛋白的营养和极低的热量，一直受到大众的喜爱，也是饱腹又健康的食材选择。搭配香芹的脆爽，拌上酸辣鲜香的调味品，就是一道非常好吃的菜式了。

腐竹拌香芹

⏱ 30分钟　🍲 简单

▼ 原料

干腐竹30克 ▎香芹100克 ▎胡萝卜100克

▼ 配料

橄榄油1汤匙 ▎盐1茶匙
花椒5克 ▎白醋少许

食材	热量
干腐竹30克	138千卡
香芹100克	14千卡
胡萝卜100克	25千卡
合计	177千卡

▼ 制作方法

1 干腐竹泡发，切成段。

2 香芹洗净，切小段。

3 胡萝卜洗净，切滚刀小块。

—— 烹饪要点 ——
干腐竹泡发至软即可，可根据自己喜欢的口感，增减浸泡的时间。

4 锅内清水烧开，放入腐竹、香芹、胡萝卜，焯水1分钟，捞出沥干水分，放凉。

5 锅内倒入橄榄油烧热，放入花椒，小火炒香，捞出花椒弃用。

6 烧热的橄榄油倒入放凉的食材上，撒上盐、淋上白醋，搅拌均匀即可。

凉拌紫甘蓝

⏱ 10分钟　🍳 简单

夏日里总觉得由内而外散发着热气，做一道清爽的凉菜，让肠胃也解解暑吧。

▼ 原料

紫甘蓝1个（约300克）

▼ 配料

香菜2根（约10克）｜白糖2茶匙
鸡精半茶匙｜白醋3茶匙
盐半茶匙｜香油半茶匙

食材	热量
紫甘蓝300克	76千卡
香菜10克	3千卡
白糖10克	40千卡
合计	119千卡

▼ 制作方法

1 将紫甘蓝的叶子一片一片剥下来，放在淡盐水中浸泡5~10分钟。

2 将紫甘蓝捞出，控干沥水，切成细丝，装盘备用。香菜洗净，切段，放入切好的紫甘蓝中。

3 另取一个小碗，加入白醋、白糖、鸡精、盐、香油，做一个酸甜调味汁。

4 将做好的调味汁淋在紫甘蓝中，搅拌均匀即可。

—— 烹饪要点 ——

1 如果不喜欢紫甘蓝的味道，可以在没切丝之前用热水氽烫一下，然后浸入冷水中。时间不宜超过10秒。这可以改善紫甘蓝的口味。

2 紫甘蓝不宜焯水时间过久，否则营养会流失。

凉拌茼蒿

⏱ 10分钟　🍲 简单

▼ 原料

茼蒿200克

▼ 配料

小米辣椒3根（约5克）┃ 蒜8瓣（约20克）
蚝油2茶匙 ┃ 生抽1汤匙 ┃ 油1汤匙

食材	热量
茼蒿200克	48千卡
小米辣椒5克	2千卡
蒜20克	26千卡
合计	76千卡

——— 烹饪要点 ———

茼蒿焯水的时间不宜太久，放入锅中变成深绿色就可以捞出。

▼ 制作方法

1 茼蒿洗净控水，切成5厘米左右的段备用；大蒜切成蒜末备用。

2 锅内加适量水烧开，放入茼蒿氽烫熟，捞出控水，放入容器中备用。

3 将蚝油、生抽、蒜末放入小碗中，搅匀调成调料汁，然后淋到茼蒿中。

4 另起锅，将油烧热，淋在茼蒿上，搅拌均匀，再切一点小米辣椒撒上即可。

涮火锅的时候特别喜欢放一些茼蒿，有一种淡淡的清香，特别爽口。茼蒿涮、炒、凉拌都很好吃。

姜汁菠菜

⏱ 8分钟　🍲 简单

▼ 原料

菠菜300克

▼ 配料

姜末5克 ┃ 生抽1茶匙
香油1/2茶匙 ┃ 盐1/2茶匙
食用油少许

食材	热量
菠菜300克	84千卡
姜末5克	2千卡
合计	86千卡

秋冬季节是吃菠菜的好时节，天气越冷，菠菜越甜。菠菜含铁丰富，可以补血；其富含的膳食纤维还有助于促进肠胃蠕动，帮助消化，防止便秘；姜可以驱寒提神。不要小看这道简单的美味，越简单、越纯粹。

▼ 制作方法

1 菠菜择好，去根，冲洗干净，切成5厘米的段。

2 烧一锅水，水沸后向锅内滴几滴油，放入菠菜，汆烫10秒。

3 将菠菜捞出过凉水，挤干水分。

4 取一圆柱形小碗，碗内铺上食品级保鲜膜，把菠菜紧实地压于碗中。

5 取一干净的盘子，将小碗中的菠菜扣在盘子中间。

6 将姜末、生抽、香油和盐混合成调味汁，浇在菠菜上即可。

—— 烹饪要点 ——

除了菠菜之外，还可以将油麦菜、娃娃菜、生菜等叶菜一起焯熟，用同样的方法调味，味道也很好。

凉拌鸡丝

⏱ 15分钟　🍲 简单

众所周知，鸡胸肉是低热量食物。对于无肉不欢的我们，来一次大口吃肉的享受吧。

▼ 原料

新鲜鸡胸肉300克

▼ 配料

香菜2根（约10克）┃青椒1个（约50克）┃红椒1个（约50克）┃姜2片
葱白2段┃料酒1茶匙┃小米辣椒2个
鲜酱油或生抽2汤匙┃醋30毫升
蒜4~6瓣┃蚝油半茶匙┃鸡精1克
白糖2克┃香油半茶匙

食材	热量
鸡胸肉300克	399千卡
红椒50克	11千卡
青椒50克	11千卡
香菜10克	3千卡
合计	424千卡

—— 烹饪要点 ——

1 用擀面杖敲打，会使鸡肉松散，口感不柴。

2 加入黄甜椒，颜色会更好看。

▼ 制作方法

1 将鸡肉中的肥肉去除，洗净放入锅中，加入超过鸡肉2厘米的清水。

2 放入料酒、姜片、葱白，大火煮沸，再转小火焖5~10分钟。

3 将煮熟的鸡肉捞出，让它自然晾凉。

4 小米辣椒切圈。香菜切小段。青椒、红椒去蒂，横刀切成两半，然后平放，切丝。

5 鸡肉放凉后，装入保鲜袋，用擀面杖敲松，然后手撕成条。

6 蒜压成蒜泥，放入鲜酱油或生抽、醋、白糖、蚝油、鸡精、香油、小米辣椒调成味汁。

7 把切好的香菜、青椒丝、红椒丝和鸡肉丝混合，淋入刚刚调制好的味汁拌匀即可。

低盐版酱牛肉

⏱ 60分钟　🍲 简单

卤菜一定要够味才好吃，但是太咸会给肾脏造成负担。所以我们做一款散发着肉香还不会很咸的酱牛肉吧。

▼ 原料

新鲜牛腱子肉800克

▼ 配料

姜20克 ┃ 冰糖30克 ┃ 老抽半汤匙
生抽2汤匙 ┃ 葱1根 ┃ 八角1个
桂皮5克 ┃ 香叶2片 ┃ 花椒2克

食材	热量
牛腱子肉800克	876千卡
姜20克	9千卡
冰糖30克	119千卡
合计	1004千卡

▼ 制作方法

1 牛腱子肉用清水洗净，放入锅内，加入冷水，没过肉2厘米左右。

2 大火烧开，煮5分钟后，撇净血沫，捞出备用。

3 电高压锅内加入热水、老抽、生抽、姜、葱、冰糖、桂皮、八角、香叶、花椒，调制卤汁。

4 将牛腱子肉放入高压锅内，调到炖肉挡，炖30~40分钟。

5 待高压锅冷却下来，用筷子能轻松穿透牛腱子肉，就可盛出。

—— 烹饪要点 ——

1 最好先用清水将肉浸泡1小时左右，这样能泡出肉中的血水。
2 炖肉时放入热水可以使肉质软烂，锁住肉的鲜美。
3 吃不完的牛腱子肉可以放入保鲜盒内，入冰箱冷藏。
4 用电高压锅比较省时省力，不用关注火候大小。
5 加热水的量不用太多，没过肉即可。

鸡汁土豆泥

⏱ 30 分钟　🍲 简单

鸡汤的香浓，土豆泥的柔滑，组成了这道经典又易做的可口菜式。

▼ 原料

土豆1个（约200克）

▼ 配料

鸡汁50克 ┃ 黑胡椒粉1/2茶匙

食材	热量
土豆200克	152千卡
合计	152千卡

▼ 制作方法

1 土豆洗净，削皮，切成小块。

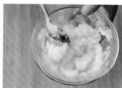

2 土豆上锅蒸熟后，用勺子压成泥状。

3 趁热加入鸡汁、黑胡椒粉，拌匀。

4 将土豆泥裹入保鲜膜，捏成圆形。

5 将捏好的土豆球从保鲜膜中取出，放入盘中，浇上一层鸡汁，撒上少许黑胡椒粉调味，即成。

—————— 烹饪要点 ——————

鸡汁可以在超市购买瓶装成品，一般含有盐分，因此土豆泥中不需要再放盐，如果是无盐鸡汁，则要在土豆泥中加入适当盐分。

日式菠菜

⏰ 15分钟　🍲 简单

谁说素食不好吃？只要调味够香浓，全素的沙拉也一样能吃得很满足。

▼ 原料

菠菜200克

▼ 配料

日式和风芝麻沙拉酱30克
盐少许 ▎橄榄油少许

食材	热量
菠菜200克	56千卡
和风芝麻沙拉酱30克	95千卡
合计	151千卡

▼ 制作方法

1 菠菜洗净，去掉根部和老叶。

2 将菠菜放入加有橄榄油和盐的沸水中汆烫，30秒后立即捞出。

3 将汆烫好的菠菜放入凉白开中降温，捞出，挤干水分，切成小段。

4 将切好的菠菜码入一个干净的玻璃杯中，压紧定形，并把多余的水倒出。

5 将菠菜倒扣在盘中，淋上日式和风芝麻沙拉酱，即可食用。

———— 烹饪要点

菠菜汆烫一下可以去除里面的草酸，加入橄榄油和盐能保持菠菜色泽鲜亮。

菠菜和木耳都是加快肠胃蠕动的食材，搭配圣女果，一道简单易做的凉菜就能端上餐桌了。

菠菜圣女果

⏱ 15 分钟　🍵 简单

▼ 原料

菠菜150克 ∣ 泡发木耳50克
圣女果50克 ∣ 核桃仁30克

▼ 配料

油醋汁40毫升 ∣ 盐1/2茶匙
蒜泥10克

食材	热量
菠菜150克	42千卡
泡发木耳50克	14千卡
圣女果50克	11千卡
核桃仁30克	183千卡
油醋汁40毫升	67千卡
合计	317千卡

▼ 制作方法

1 菠菜去掉根部和老叶，洗净，沥干水分，备用。

2 锅中烧开水，放入菠菜汆烫，30秒后立即捞出，过冷水，挤干水分。

3 将菠菜切成3厘米左右的长段。

—— 烹饪要点 ——
这道凉菜最好是使用蒜泥，这样蒜香的味道会更加足。

4 将泡发木耳洗净，撕成适口的小块，放入汆烫菠菜的开水中，沸水煮熟，捞出，沥干。

5 圣女果洗净，沥干水分，对半切开，备用。

6 将以上处理好的全部食材放入碗中，依次加入盐、蒜泥、油醋汁，加入核桃仁拌匀即可。

鹰嘴豆菠菜沙拉

🕐 1晚 + 30分钟　🍵 中等

奇妙如鹰嘴豆般的小小豆子，却蕴含了丰富的营养，点缀具有香气的菠菜，就是一份解馋又养眼的暖胃沙拉。

▼ 原料

鹰嘴豆50克 ┃ 菠菜150克

▼ 配料

红甜椒50克
日式和风芝麻沙拉酱30克
盐1/2茶匙 ┃ 蒜末10克
橄榄油1茶匙

食材	热量
鹰嘴豆50克	158千卡
菠菜150克	42千卡
红甜椒50克	13千卡
芝麻沙拉酱30克	95千卡
合计	308千卡

▼ 制作方法

1 鹰嘴豆用清水冲洗干净，然后用清水浸泡过夜。

2 鹰嘴豆放入锅中，加水煮开，转中火煮15分钟，捞出备用。

3 菠菜洗净，去根，放入沸水中氽烫30秒后捞出。

4 菠菜沥干水分，切成长1厘米左右的小段；红甜椒洗净，沥干切末。

5 起锅，加入橄榄油烧热，倒入蒜末和红甜椒末煸香。

6 倒入鹰嘴豆和盐、菠菜段翻炒30秒，出锅，装盘后淋上沙拉酱汁，即可食用。

—— 烹饪要点 ——

除了干鹰嘴豆，也可以直接用即食的鹰嘴豆罐头来制作这道沙拉。

坚果是一个很大的家族，其成员在口感、香味、营养等方面各有所长，但共同的优点是：好吃、营养、健康。早餐时摄取足够的坚果，能给身体提供满满一天的能量。

坚果蔬菜

⏱ 20 分钟　🍲 简单

▼ 原料

红黄彩椒50克 ┃ 紫甘蓝100克
苦菊30克 ┃ 核桃仁20克
黑白芝麻10克

▼ 配料

意大利油醋汁适量

食材	热量
红黄彩椒50克	10千卡
紫甘蓝100克	20千卡
苦菊30克	11千卡
核桃仁20克	129千卡
黑白芝麻10克	56千卡
合计	226千卡

▼ 制作方法

1 食材洗净，红黄彩椒、紫甘蓝切丝，苦菊撕成小片。

2 核桃仁、黑白芝麻放入烤箱，上下火150℃烘烤10分钟。

3 将核桃仁取出晾凉，掰碎成适当的小块。

4 将核桃仁、黑白芝麻、彩椒丝、紫甘蓝丝、苦菊混合。

5 浇上意大利油醋酱汁混合均匀即可。

—————— 烹饪要点 ——————

1 坚果种类丰富，可以根据自己的喜好添加，比如腰果，杏仁，夏威夷果等。
2 红黄彩椒等蔬菜，可用自己喜欢的蔬菜替换，比如黄瓜丝，圣女果等。

鸡蛋瘦身沙拉

⏱ 25 分钟　🍲 简单

▼ 原料

鸡蛋2个（约100克）┃圣女果5个（约50克）
黄瓜半根（约100克）┃苦菊2根（约25克）

▼ 配料

法式油醋汁适量

食材	热量
鸡蛋100克	144千卡
圣女果50克	11千卡
黄瓜100克	15千卡
苦菊25克	9千卡
合计	179千卡

▼ 制作方法

1 鸡蛋带壳煮熟，过凉水后剥壳，切成块。

2 圣女果洗净，对半切开；黄瓜洗净，削皮，切成小丁；苦菊洗净后撕成小片。

3 混合所有食材，浇上法式油醋汁即可。

—— 烹饪要点 ——

这一款沙拉热量很低，却含有丰富的蛋白质和维生素，是很好的健身减肥菜品。

鸡蛋富含蛋白质，通过水煮的方式，热量很低。而圣女果、黄瓜也是好吃又低脂的蔬果，苦菊则让沙拉的口感更为丰富。拌上酸酸甜甜的法式油醋汁，饱腹又美味。

藜麦是植物中的营养高手，其蛋白质含量让人惊叹，是减脂健身人群的最爱。藜麦的口感也很特别，有韧劲，让咀嚼很有满足感。搭配上色彩丰富的蔬菜，让视觉和身体都享受到美食的力量。

藜麦杏仁南瓜沙拉

🕐 30 分钟　🍲 简单

▼ 原料

藜麦50克 ▌南瓜100克
红黄彩椒50克 ▌樱桃萝卜100克
烤熟杏仁20克

▼ 配料

汉风豆乳酱适量

食材	热量
藜麦50克	184千卡
南瓜100克	22千卡
红黄彩椒50克	10千卡
樱桃萝卜100克	9千卡
杏仁20克	112千卡
合计	337千卡

▼ 制作方法

1 南瓜削皮，去子，切片。

2 红黄彩椒洗净，去蒂、切条。

3 樱桃萝卜洗净，切薄片。

—— 烹饪要点 ——

藜麦用蒸的方式烹制可以有效减少水分，保持筋道的口感。

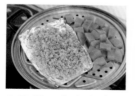

4 南瓜、藜麦上大火蒸熟。

5 南瓜、藜麦混合均匀，加入红黄彩椒、樱桃萝卜、杏仁拌匀。

6 淋上汉风豆乳酱，搅拌均匀即可。

酸辣芦笋

⏱ 15分钟　🍴 简单

▼ 原料

芦笋150克 ▎红尖椒50克
胡萝卜50克

▼ 配料

蒜末10克 ▎泰式酸辣酱30克
熟黑芝麻少许 ▎盐少许
柠檬汁2毫升

食材	热量
芦笋150克	33千卡
红尖椒50克	14千卡
胡萝卜50克	16千卡
泰式酸辣酱30克	89千卡
合计	152千卡

芦笋这样简单的食材，因为酸辣酱的加入，瞬间有了不一样的格调！芦笋含有多种氨基酸，热量低，经常食用能增强身体的免疫力，同时还有减脂的功效。

▼ 制作方法

1　芦笋洗净，去掉根部老皮，放入加盐的沸水中氽烫，变色后捞出，过凉水，沥干水分。

2　将氽烫好的芦笋斜切成3厘米左右的长段，备用。

3　胡萝卜去皮，洗净，沥干水分，斜切成菱形片，备用。

—— 烹饪要点 ——

芦笋先氽烫成熟再切段，可以最大限度地保持芦笋的营养成分不流失。

4　红尖椒洗净，沥干水分，切成3厘米的细丝，备用。

5　将以上食材放入碗中，加入蒜末、泰式酸辣酱和柠檬汁，搅拌均匀。

6　最后撒上熟黑芝麻，即可食用。

蒜香醋汁土豆

⏱ 50分钟　🍳 简单

土豆可以带来强烈的饱腹感，我们把土豆水煮后再无油烤制，烤好后的土豆表皮微焦香脆，再用醋汁、蒜蓉一搭配，酸香可口。

▼ 原料

土豆300克

▼ 配料

橄榄油1汤匙 ┃ 蒜蓉10克
盐1/2茶匙 ┃ 米醋1茶匙
洋葱末10克 ┃ 葱末10克
香菜末10克
黑胡椒碎1茶匙

食材	热量
土豆300克	228千卡
合计	228千卡

—— 烹饪要点 ——

可以根据自己的喜好适当添加米醋，也可以不加。

▼ 制作方法

1 土豆洗净，削皮，切小块。

2 锅内加水煮沸，加入适量盐，加入土豆块，煮约10分钟至变软。

3 将蒜蓉、盐、橄榄油混合，调成酱汁。

4 煮好的土豆沥干水分，淋上一勺酱汁，搅拌均匀，且均匀铺入烤盘中。

5 烤箱预热至200℃，将烤盘放入中下层，烤20分钟左右至土豆微焦。

6 剩下的酱汁，加入米醋、洋葱末、葱末、香菜末，搅拌均匀。

7 烤好的土豆装盘，拌入酱汁，撒上黑胡椒碎调味即可。

▼ 原料

龙利鱼200克 ┃ 紫甘蓝50克
圣女果100克 ┃ 青豆30克
玉米粒30克

▼ 配料

橄榄油1汤匙 ┃ 苹果醋1汤匙
黄芥末1茶匙 ┃ 白糖1茶匙
柠檬汁适量 ┃ 盐少许
黑胡椒粉半茶匙

食材	热量
龙利鱼200克	134千卡
紫甘蓝50克	13千卡
圣女果100克	25千卡
青豆30克	119千卡
玉米粒30克	93千卡
合计	384千卡

彩虹沙拉

⏱ 20分钟　🍲 简单

新鲜的蔬菜水果能带来健康，随心所欲的色彩搭配让人心情愉悦。一款自制沙拉，开启美好的一天。

▼ 制作方法

1 将橄榄油、苹果醋、黄芥末、白糖、盐放入碗中，调制成调味汁待用。

2 龙利鱼洗净，切成2厘米见方的小块，用厨房用纸吸干水分。

3 紫甘蓝切丝；圣女果对半切开；青豆和玉米粒放入沸水中煮熟，捞出备用。

4 中小火将不粘锅加热，放入切好的龙利鱼，两面煎至金黄，盛出备用。

5 将紫甘蓝、圣女果、青豆、玉米粒和煎好的龙利鱼放入容器内拌匀。

6 将调味汁均匀淋在菜品上，然后挤上适量的柠檬汁和撒上黑胡椒粉即可。

—— 烹饪要点 ——

可按自己喜欢的蔬果来随意添加食材，可令菜品富于变化、不单调。

秋葵是能控制血糖的上佳食材，很适合糖尿病患者食用。这道沙拉做法简单，却带来不一样的口感！

法式芥末秋葵

⏱ 15分钟　🍳 简单

▼ 原料

秋葵150克

▼ 配料

橄榄油几滴 ┃ 盐少许 ┃ 冰水500毫升
法式芥末沙拉酱30克 ┃ 熟黑芝麻少许

食材	热量
秋葵150克	68千卡
法式芥末沙拉酱30克	52千卡
合计	120千卡

▼ 制作方法

1 清洗秋葵，用盐搓去表面细小的茸毛。

2 锅中加水烧开，加少许盐和几滴橄榄油，接着放入秋葵，氽烫2分钟后立即捞出。

3 将秋葵浸入冰水中降温，冷却后捞出，切去蒂部。

4 将切好的秋葵装盘，淋上法式芥末沙拉酱。

5 撒上少许熟黑芝麻，即可食用。

—————— 烹饪要点 ——————

氽烫秋葵时，水中加入橄榄油和盐能令秋葵保持色泽翠绿，捞出后用冰水过凉更能保持其爽脆的口感。

▼ 原料

荷兰豆150克 | 红甜椒50克
胡萝卜50克

▼ 配料

油醋汁30毫升 | 蒜末15克 | 盐少许

食材	热量
荷兰豆150克	45千卡
红甜椒50克	13千卡
胡萝卜50克	16千卡
油醋汁30毫升	50千卡
合计	124千卡

—— 烹饪要点

新鲜的荷兰豆带有甜甜的滋味，所以这道沙拉可以不用加入白糖，这样能品尝到食材最原本的味道。

蒜香荷兰豆

⏰ 15分钟　🍳 简单

大蒜的香气可以为平淡无奇的荷兰豆增香，搭配着荷兰豆脆嫩的口感，十分有创意。荷兰豆看起来不起眼，但具有很好的通便效果，是瘦身人士非常喜欢的食材之一。

▼ 制作方法

1 荷兰豆洗净，去掉两头的蒂，沥干水分备用。

2 锅中烧热水，放入荷兰豆汆烫1分钟，捞出，过凉水，沥干水分，待用。

3 将汆烫好的荷兰豆斜切成两段，待用。

4 红甜椒洗净，沥干水分，切成菱形片，待用。

5 胡萝卜去皮，洗净，沥干水分，切成和红甜椒片一样大小的菱形片。

6 将处理好的食材一同放入沙拉碗中，加入蒜末。

7 接着将油醋汁和盐加入碗中，搅拌均匀，即可食用。

银耳、芝麻菜和樱桃萝卜的搭配，不仅是营养丰富、色彩靓丽的美味，还是一道非常简单易做的中式减肥沙拉。芦笋具有低糖、低脂肪、高膳食纤维的特点，能有效抑制脂肪的吸收。

银耳芝麻菜

⏱ 20分钟　🍳 简单

▼ 原料

芝麻菜50克 ▎泡发银耳150克
樱桃萝卜3个（约100克）
红甜椒丝适量

▼ 配料

苹果醋30毫升 ▎盐少许
柠檬汁5毫升

食材	热量
芝麻菜50克	12千卡
泡发银耳150克	75千卡
樱桃萝卜100克	21千卡
苹果醋30毫升	9千卡
合计	117千卡

▼ 制作方法

1 泡发的银耳再次用清水冲洗干净，去掉老根，用手撕成小朵。

2 锅中烧水煮沸，将撕成朵的银耳下锅焯2分钟，捞出，沥干水分待用。

3 芝麻菜去除根部和纤维茎，留下的叶子清洗干净，沥干水分待用。

—— 烹饪要点 ——

这道菜中的"苹果醋"是点睛之笔，它的加入能提升整道菜的口感，清爽之中又带有一丝果香。

4 樱桃萝卜清洗干净，切成片待用。

5 取一个干燥的沙拉碗，依次放入上述处理好的食材，接着分别加入苹果醋和盐，充分拌匀。

6 食材装盘，盘中均匀淋上柠檬汁，最后点缀红甜椒丝，即可食用。

杏鲍菇沙拉

⏱ 30 分钟　🍲 中等

杏鲍菇口感鲜嫩，有一种别样的清香，其所含营养成分能软化和保护血管，降低胆固醇的浓度，同时促进肠胃的消化。

▼ 原料

杏鲍菇250克 ▌圣女果30克
彩椒50克 ▌生菜80克

▼ 配料

自制日式和风芝麻沙拉酱30克
白醋2茶匙 ▌熟白芝麻1茶匙
黑胡椒碎适量 ▌盐适量 ▌食用油少许

食材	热量
杏鲍菇250克	90千卡
圣女果30克	7千卡
彩椒50克	13千卡
生菜50克	8千卡
芝麻沙拉酱30克	95千卡
合计	213千卡

▼ 制作方法

1 新鲜杏鲍菇清洗干净，斜刀法切成菱形片待用。

2 平底锅烧热，用刷子在上面薄薄涂一层食用油，将切好的杏鲍菇片放入，小火煎制。

3 看到杏鲍菇底面煎成金黄色时翻面，撒适量盐、黑胡椒碎，继续煎至另一面呈金黄色时，关火，将其盛出，放入盘中待用。

4 将生菜、圣女果、彩椒清洗干净。圣女果对半切开；彩椒切成小块；生菜手撕成小片，待用。

5 将上述食材放入沙拉碗中，倒入日式和风芝麻沙拉酱、白醋、盐拌匀，撒上熟白芝麻即可。

—— 烹饪要点 ——

在煎制杏鲍菇的时候撒一些黑胡椒碎和盐可以让食材更加入味，吃起来的口感不会过于单调。

爽口的莴笋丝配上核桃仁，可以减轻油腻的口感。核桃仁经过烘烤后会析出一些油脂，搭配油醋汁，口感更丰富！莴笋富含膳食纤维，热量低、水分含量大，经常食用，有很好的轻身作用。

凉拌核桃莴笋丝

⏰ 20分钟　🍲 简单

▼ 原料

莴笋150克 ▎红甜椒50克
核桃仁50克

▼ 配料

冰水500毫升 ▎油醋汁30毫升
盐3克 ▎熟黑芝麻少许

食材	热量
莴笋150克	22千卡
红甜椒50克	13千卡
核桃仁50克	305千卡
油醋汁30毫升	50千卡
合计	390千卡

▼ 制作方法

1 烤箱预热180℃，将核桃仁放在烤盘上，进烤箱烤制10分钟，取出晾凉，备用。

2 莴笋去掉叶子、老皮和根部，清水洗净，切成3厘米左右长的细丝，备用。

3 将莴笋丝放入沸水中汆烫1分钟，立即捞出，放入冰水中浸泡，降温后捞出。

4 红甜椒洗净，沥干水分，切成3厘米左右长的细丝，备用。

5 将莴笋丝、红甜椒丝和核桃仁一起放入碗中，加入油醋汁和盐，搅拌均匀。

6 最后撒入熟黑芝麻，即可食用。

—— 烹饪要点 ——

核桃仁经过烘烤后会析出一些油脂，可以放在吸油纸上吸油后再食用，能减少热量的摄入。

▼ 原料

莲藕150克 ▌ 青椒50克
红甜椒50克 ▌ 黄甜椒50克

▼ 配料

油醋汁30毫升 ▌ 小米椒3个
白醋1茶匙

食材	热量
莲藕150克	110千卡
青椒50克	14千卡
红甜椒50克	13千卡
黄甜椒50克	13千卡
油醋汁30毫升	50千卡
合计	200千卡

—— 烹饪要点

浸泡藕丁的水中
加入白醋可以防
止藕丁被氧化而
变色。

彩椒藕丁

⏰ 20分钟 🍲 简单

极具中国特色的莲藕在炎炎夏日，
带给你不一样的感受。

▼ 制作方法

1 莲藕去皮，洗净，切成1厘米左右的小丁。

2 将切好的藕丁泡入加有白醋的清水中。

3 锅中加入清水，煮沸。放入藕丁，煮至水再次沸腾后改小火煮1分钟，捞出沥干水分备用。

4 青椒、红甜椒和黄甜椒用清水洗净，沥干水分，切成1厘米左右的小丁。

5 小米椒洗净，去掉蒂部，切成碎末备用。

6 将藕丁、彩椒丁和小米椒一起放入沙拉碗中。

7 淋入油醋汁，翻拌均匀即可食用。

相较于米饭，魔芋的热量更低也更加健康，搭配同样低卡的墨西哥玉米片，在你减肥期间又想吃零食的时候，就由这道菜帮你完成心愿吧。

魔芋圣女果

🕐 30分钟　🍲 简单

▼ 原料

黑魔芋200克 ┃ 圣女果100克
水果黄瓜50克 ┃ 墨西哥玉米片30克

▼ 配料

油醋汁30毫升

食材	热量
黑魔芋200克	20千卡
圣女果100克	22千卡
黄瓜50克	8千卡
玉米片30克	120千卡
油醋汁30毫升	50千卡
合计	220千卡

▼ 制作方法

1　将黑魔芋洗净，切成1.5厘米左右的小丁。

2　圣女果洗净，沥干水分，对半切开后再对半切开，每个果实分成四份。

3　水果黄瓜洗净，沥干水分，切成1厘米左右的小丁。

4　取一个沙拉碗，将切好的黑魔芋、圣女果和水果黄瓜一起放入碗中，倒入油醋汁翻拌均匀。

5　最后撒入墨西哥玉米片，即可食用。

——— 烹饪要点 ———

1　也可以选择其他种类的蔬菜进行代替，只要是口感比较硬的都可以。

2　黑魔芋在超市卖豆制品的冷藏货柜就可以找到。

泰式蔬菜鸡肉沙拉

⏱ 40分钟　🍴 简单

东南亚料理总让我们联想到酸酸辣辣的口感和丰富新奇的香料。而这道沙拉搭配了鸡肉和多种蔬菜，营养全面，一大盘五彩缤纷的天然植物，好像把春天端到了你的眼前。

▼ 原料

鸡胸肉100克 | 豌豆50克
豌豆苗20克 | 红黄彩椒50克

▼ 配料

小米辣2根 | 新鲜柠檬半个
蜂蜜1汤匙 | 盐1/2茶匙
黑胡椒粉少许

食材	热量
鸡胸肉100克	167千卡
豌豆50克	56千卡
豌豆苗20克	7千卡
红黄彩椒50克	10千卡
合计	240千卡

▼ 制作方法

1 鸡胸肉洗净后去皮，用盐、黑胡椒粉腌制20分钟。

2 鸡胸肉放入开水中，加盐，煮熟后撕成条。

3 豌豆用开水煮熟、过冷水备用。

—— 烹饪要点 ——

新鲜柠檬可以用白醋代替，蜂蜜可以用细砂糖代替。

4 小米辣切碎，红黄彩椒切细丝，新鲜柠檬挤出柠檬汁。

5 将蜂蜜和柠檬汁搅拌均匀，加入小米辣、黑胡椒粉，调成酸甜酱汁。

6 将鸡胸肉、豌豆、豌豆苗、红黄彩椒搅拌在一起，倒入酸甜酱汁，搅拌均匀即可。

菠萝蜜汁里脊

⏰ 45分钟　🍲 复杂

来自菠萝咕噜肉的灵感，搭配营养丰富的红薯和甜椒，大胆创新，营养加倍。

▼ 原料

红薯150克 ▎里脊肉100克
菠萝100克 ▎青椒30克 ▎红甜椒30克

▼ 配料

料酒1茶匙 ▎盐适量 ▎十三香少许
鸡蛋1个（约50克）▎面粉15克
花生油500克（实用15克）
番茄沙拉酱30克

食材	热量
红薯150克	148千卡
里脊肉100克	155千卡
菠萝100克	44千卡
青椒30克	8千卡
红甜椒30克	8千卡
鸡蛋50克	76千卡
番茄沙拉酱30克	50千卡
花生油15克	135千卡
面粉15克	52千卡
合计	666千卡

—— 烹饪要点 ——

想让里脊口感发脆，可以分两次油炸。第一次颜色微发黄时捞出，稍冷却后再回锅炸至金黄。

▼ 制作方法

1 菠萝切小块，用淡盐水浸泡15分钟左右后捞出。

2 里脊肉切成粗约1厘米、长约3厘米的条状，加料酒、盐腌渍片刻。

3 面粉加入鸡蛋和少许盐、十三香，搅拌成糊状；放入里脊条，均匀裹上鸡蛋面糊。

4 花生油烧至七成热，保持中小火，放入里脊条，炸至淡淡的金黄色后捞出，吸去多余油分。

5 红薯洗净，用餐巾纸包裹一层，并将餐巾纸打湿。

6 将红薯放入微波炉，高火加热6分钟，取出晾凉，去除两端纤维多的部分，切成小块。

7 青椒和红甜椒洗净，切成边长1厘米的小块。

8 将红薯块、青红甜椒块、里脊条和菠萝块放入沙拉碗中拌匀，浇上番茄沙拉酱即可食用。

▼ 原料

新鲜大虾150克
牛油果1个（约100克）
速冻玉米粒30克 ▎速冻豌豆粒20克
红甜椒20克

▼ 配料

自制酸奶沙拉酱30克 ▎盐少许

食材	热量
大虾150克	140千卡
牛油果100克	161千卡
速冻玉米粒30克	35千卡
速冻豌豆粒20克	22千卡
红甜椒20克	5千卡
酸奶沙拉酱30克	25千卡
合计	388千卡

—————— 烹饪要点 ——————

1 牛油果口感略微甜腻，可用酸奶沙拉酱进行中和。
2 大虾焯水时间不宜过长，否则会肉质过老，影响口感。

虾仁牛油果

⏱ 20分钟　　🍲 简单

新鲜大虾配上牛油果，颜值和味道瞬间提升，在满足营养需求的同时，热量也非常低。

▼ 制作方法

1 大虾洗净，去除头部，开背，剔除虾线。

2 将处理好的大虾放入沸水中焯熟，捞出后过凉水，沥干水分备用。

3 牛油果对半切开，取出果肉，切成1厘米见方的小丁。

4 将玉米粒和豌豆粒冲去浮冰，放入沸水中焯熟，捞出后沥干水分待用。

5 红甜椒洗净，沥干水分后切成细丝待用。

6 将以上处理好的食材放入干燥的沙拉碗中。

7 淋上自制酸奶沙拉酱，撒少许盐，拌匀即可。

虾仁藜麦腰果沙拉

⏱ 15分钟　🍚 简单

藜麦原产于南美洲，其所含的营养成分可以调节人体的酸碱平衡，有保护心血管的作用。再加上蛋白质含量丰富的虾仁和脆脆的腰果，搭配香辛酸甜的法式芥末沙拉酱，能让你大快朵颐！

▼ 原料

藜麦50克 ┃ 速冻虾仁100克
西蓝花50克 ┃ 胡萝卜50克
速冻玉米粒50克 ┃ 腰果30克

▼ 配料

盐少许 ┃ 橄榄油少许
法式芥末沙拉酱30克

食材	热量
藜麦50克	184千卡
速冻虾仁100克	48千卡
西蓝花50克	18千卡
胡萝卜50克	16千卡
速冻玉米粒50克	59千卡
腰果30克	178千卡
法式芥末沙拉酱30克	52千卡
合计	555千卡

烹饪要点

这道沙拉的食材处理尽量以汆烫为主，汆烫时间不能过长，否则会影响口感。

▼ 制作方法

1 在500毫升水中加几滴橄榄油和少许盐，煮沸；藜麦洗净，放入沸水中，小火煮15分钟。

2 将煮好的藜麦捞出，沥干水分，放入沙拉碗中备用。

3 西蓝花洗净，去梗，切分成适口的小朵。

4 胡萝卜洗净，去掉表皮和根部，切成薄片后用蔬菜模具切出花朵状。

5 速冻玉米粒用冷水冲去浮冰，沥干水分。

6 将西蓝花、速冻玉米粒和胡萝卜片放入煮沸的淡盐水中，水再次沸腾后捞出沥干，晾凉。

7 将速冻虾仁用冷水冲去浮冰，放入沸水中，煮至虾仁完全变色后捞出，沥干水分，晾凉。

8 将以上食材放入装有藜麦的沙拉碗中，倒入法式芥末沙拉酱，搅拌均匀，撒上腰果即可。

豌豆虾仁鱿鱼沙拉

⏰ 25分钟　🦀 简单

▼ 原料

鲜豌豆60克 ┃ 鱿鱼70克
新鲜大虾100克 ┃ 红甜椒30克

▼ 配料

海鲜沙拉酱40克 ┃ 料酒2茶匙
盐1/2茶匙

食材	热量
豌豆60克	67千卡
鱿鱼70克	52千卡
大虾100克	93千卡
红甜椒30克	8千卡
海鲜沙拉酱40克	56千卡
合计	276千卡

——— 烹饪要点 ———

鱿鱼的余烫时间不可过长，打卷后就捞出，过凉水是为了让鱿鱼更加弹牙。

鲜嫩的大虾配上口感弹牙的鱿鱼，搭配清新的豌豆，营养全面，热量合理。大虾含有丰富的维生素和微量元素，可以增强人体免疫力，补肾抗衰老。

▼ 制作方法

1 新鲜豌豆洗净，放入沸水中余烫熟，捞出沥干水分，待用。

2 新鲜大虾去掉头部、壳，开背剔除虾线，放入沸水中煮熟，捞出沥干待用。

3 鱿鱼洗净，改刀切小块。

4 在小碗中倒入料酒和盐，加入切好的鱿鱼块，腌制10分钟。

5 锅中加水，煮沸后倒入鱿鱼块余烫，鱿鱼块打卷后即可捞出，过凉水，沥干水分待用。

6 红甜椒洗净，沥干水分，切成边长2厘米的方块，待用。

7 将以上处理好的全部食材放入沙拉碗中，淋上海鲜沙拉酱，充分搅拌均匀即可食用。

牛油果肉颜色清新，营养丰富，口感细腻香滑，不管是在冷菜还是甜品中，都是非常好的食材。这道沙拉我们采用了芒果和牛油果的组合，清香扑鼻、浓郁香滑，配以大虾弹牙的肉质，非常美味。

牛油果芒果
大虾沙拉

⏱ 15 分钟　🍲 简单

▼ 原料

牛油果100克 ▎大虾5个（约100克）
芒果200克 ▎黄瓜100克

▼ 配料

酸奶150克 ▎芥末少许

食材	热量
牛油果100克	160千卡
大虾100克	93千卡
芒果200克	64千卡
黄瓜100克	15千卡
合计	332千卡

▼ 制作方法

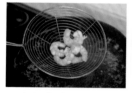

1 大虾去头、去壳，挑去虾线，用开水焯熟，沥水备用。

2 牛油果去壳，芒果去皮、去核，均切成小块。

3 黄瓜洗净，去皮，切成小块。

4 酸奶倒入碗中，加入少许芥末，搅拌均匀，调成沙拉酱。

5 将大虾、芒果、牛油果、黄瓜混合，淋上沙拉酱，吃的时候搅拌均匀即可。

--- 烹饪要点 ---

1 挑选鲜活的大虾，口感更为鲜甜。
2 大虾的种类可以是基围虾、大头虾、九节虾等，都很适合。
3 在挑选芒果时，外观呈现黄色，捏着稍微有些软，闻着带有芒果的香味，就是可以马上食用的成熟芒果。
4 根据个人口味酌情加入芥末或者不加。

▼ 原料

冬瓜100克 ▍新鲜大虾150克
油条50克

▼ 配料

法式芥末沙拉酱20克
盐1茶匙 ▍料酒2茶匙
白胡椒粉1/2茶匙
花生油200克（实用7克）

食材	热量
冬瓜100克	12千卡
大虾150克	140千卡
油条50克	194千卡
芥末沙拉酱20克	35千卡
花生油7克	63千卡
合计	444千卡

—— 烹饪要点 ——

做好后应尽快食用，这样才能品尝
到油条爽脆的口感。

冬瓜虾仁

⏱ 5分钟　🍲 简单

冬瓜含有丰富的膳食纤维和水分，有降火利
尿的功效。清淡的冬瓜和虾仁，搭配法式芥
末沙拉酱，让寡淡的食材也变得不平凡。

▼ 制作方法

1 新鲜大虾洗净，去壳
和头尾，开背去虾线。

2 大虾加料酒和白胡椒
粉腌制5分钟。

3 冬瓜去皮，切成边长
2厘米左右的方块。

4 油条切块，备用。

5 花生油烧至七成热，
下入油条炸2分钟后捞
出，吸去多余油分。

6 另起一锅，烧热油，
放入虾仁煸炒，完全变
色后关火，取出。

7 将冬瓜块放入沸水中
汆烫，水再次沸腾后捞
出，沥干水分，备用。

8 将以上食材放入碗
中，淋上法式芥末沙拉
酱和盐，搅拌均匀即可。

黄桃虾仁

⏰ 10 分钟　🍲 简单

▼ 原料

虾仁200克 ▎黄桃1个

▼ 配料

青柠1个 ▎黑胡椒少许 ▎盐少许

食材	热量
虾仁200克	96千卡
黄桃300克	162千卡
合计	258千卡

———— 烹饪要点 ————

买回的虾可以提前处理好，按照每次的分量分别装在保鲜袋里，放入冰箱冷冻保存。每次需要时取出一袋，根据菜谱简单烹饪就好。

▼ 制作方法

1 黄桃去核，果肉切成适宜入口的方块。

2 虾仁挑去虾线，沸水中烫熟后捞出沥干水分。

3 青柠对半切开，其中一半切成薄片。

4 将黄桃块、虾仁和柠檬片放入梅森杯中，挤入半个柠檬汁，撒入盐和黑胡椒即可。

粉嫩的虾仁搭配清爽的黄桃，制作起来非常简单。蛋白质、维生素的健康组合一定会给你带来不一样的甜美体验。瘦身的一餐怎能少了它？

▼ 原料

黑魔芋250克 ▎新鲜大虾150克
西芹100克

▼ 配料

海鲜沙拉酱30克 ▎盐1茶匙
橄榄油10毫升 ▎姜片2片

食材	热量
黑魔芋250克	25千卡
大虾150克	140千卡
西芹100克	16千卡
海鲜沙拉酱30克	42千卡
橄榄油10毫升	90千卡
合计	313千卡

—— 烹饪要点 ——

水中加入姜片
可以去除掉虾
仁的腥味。

魔芋凉拌虾仁

⏱ 15分钟 　 🍳 简单

黑魔芋是非常饱腹又低热量的神奇食物之一。西
芹与虾仁同样也是热量极低的食材，放开了可劲
儿吃，吃到撑也不会发胖！

▼ 制作方法

1 新鲜大虾去掉头尾，
开背，去除虾线，冲洗
干净。沥干水分。

2 西芹去掉叶子，切去
根部，洗净，沥干水分
后斜切成薄片。

3 起锅烧热水，水中加
入姜片和1/2茶匙盐。

4 水开后先放入虾仁，
汆烫至虾仁变红捞出。

5 接着放入芹菜片，汆
烫至水再次沸腾后捞出。

6 将虾仁和芹菜一起放
入沙拉碗中，加入1/2茶
匙盐和橄榄油拌匀，稍
微腌渍2分钟。

7 黑魔芋洗净，切成适
口的条状。

8 将黑魔芋放入沙拉碗
中，淋上海鲜沙拉酱，
一起搅拌均匀即可食用。

蜜柚鲜虾沙拉

⏰ 20 分钟　🍲 简单

▼ 原料

蜜柚肉100克 ∥ 核桃仁20克
生菜3片（约50克）∥ 鲜虾10只（约200克）

▼ 配料

意大利油醋汁适量

食材	热量
蜜柚肉100克	41千卡
核桃仁20克	130千卡
生菜50克	8千卡
鲜虾200克	186千卡
合计	365千卡

烹饪要点

红肉蜜柚更为美观，如果没有，也可以用普通的白肉柚子替代。

▼ 制作方法

1 将蜜柚剥皮，柚子肉掰成小块。

2 生菜洗净后，撕成小片。

3 鲜虾去头、剥壳，去掉虾线，留尾部，入沸水中焯熟。

4 将蜜柚肉、生菜、核桃仁、虾肉放入大碗内混合，淋上意大利油醋汁即可。

蜜柚含丰富的维生素，尤其是维生素C，酸酸甜甜的口感和晶莹的果肉，给沙拉增色不少。而鲜嫩弹牙的虾仁中富含蛋白质和钙，搭配食用清爽可口又健康。

▼ 原料

速冻鳕鱼段200克 ∣ 秋葵100克
苦苣50克 ∣ 叶生菜50克
圣女果3颗（约50克）

▼ 配料

海鲜沙拉酱40克 ∣ 柠檬汁5毫升
盐少许 ∣ 橄榄油少许 ∣ 黑胡椒碎少许

食材	热量
鳕鱼段200克	176千卡
秋葵100克	45千卡
苦苣50克	28千卡
叶生菜50克	8千卡
圣女果50克	12千卡
海鲜沙拉酱40克	56卡
合计	325千卡

—— 烹饪要点 ——

腌制鳕鱼时先在表面划几刀，这样
会更加容易入味。

盐烤鳕鱼秋葵

⏰ 40分钟　🍲 复杂

北欧人将鳕鱼称为"餐桌上的营养师"，它的蛋白质含量
要高于很多鱼类，而脂肪含量在鱼类中最低，和秋葵一
起，不仅可口，而且热量低，是减脂人士的福音。

▼ 制作方法

1 烤箱预热180℃；速
冻鳕鱼段解冻，冲洗净
后吸干水分，在表面轻
划几刀。

2 将鳕鱼段两面抹少许
盐和黑胡椒碎，倒入柠
檬汁，腌制20分钟。

3 将秋葵洗净，去蒂，斜
切成段，平铺在烤盘内，
撒少许盐，烤制10分钟。

4 将苦苣和叶生菜洗
净，去除老叶和根部，
撕成适口的块状备用。

5 圣女果洗净，对半切
开，备用。

6 平底锅烧热，加入橄
榄油，放入鳕鱼，用中
小火两面各煎1分钟，
盛出切小块。

7 将秋葵、鳕鱼块、
苦苣和叶生菜一起放入
碗中。

8 淋上海鲜沙拉酱，搅
拌均匀，最后以圣女果
点缀装饰即可食用。

什锦龙利鱼沙拉罐

⏱ 30分钟　🍲 简单

梅森罐这两年比较流行，它不仅可以用来储备食材，用来装沙拉也是非常好的。一个罐子里面包含了丰富的食材，吃过的人才能懂这种幸福。龙利鱼肉质鲜嫩，营养很丰富，具有高蛋白和低脂肪的特点。

▼ 原料

速冻龙利鱼100克 ┃ 速冻玉米粒30克
新鲜豌豆粒30克 ┃ 胡萝卜40克
圆白菜40克

▼ 配料

油醋汁30毫升 ┃ 姜片2片 ┃ 料酒1汤匙
黑胡椒碎少许 ┃ 柠檬汁5毫升
盐2克 ┃ 橄榄油1茶匙

食材	热量
速冻龙利鱼100克	96千卡
速冻玉米粒30克	35千卡
豌豆粒30克	33千卡
胡萝卜40克	13千卡
圆白菜40克	10千卡
油醋汁30毫升	50千卡
合计	237千卡

———— 烹饪要点 ————

放入沙拉的顺序一定要按照步骤中的方法，底层要放比较硬和难入味的食材。

▼ 制作方法

1 速冻龙利鱼用清水冲去浮冰，切成边长1厘米见方的小块。

2 龙利鱼放入碗中，加入盐、料酒、黑胡椒碎和姜片，腌制10分钟。

3 速冻玉米粒冲去浮冰，新鲜豌豆粒洗净，一起放入沸水中焯烫1分钟捞出，沥干水分备用。

4 胡萝卜洗净，去皮，用刨丝器刨成3厘米长的细丝，备用。

5 圆白菜洗净，去掉根部和老叶，切成与胡萝卜丝长度一样的细丝。

6 平底锅烧热，加入橄榄油，倒入龙利鱼块翻炒，当鱼肉泛黄、微微发硬时，取出晾凉。

7 取一个大号的沙拉罐，先将油醋汁和柠檬汁倒入罐中。

8 依次加入胡萝卜丝、豌豆粒、玉米粒、龙利鱼块、圆白菜丝。盖盖后把瓶子翻转几次，让酱汁渗透到食材中。

金枪鱼吐司碗

⏱ 20分钟　🥄 简单

▼ 原料

吐司2片（约120克）
水浸金枪鱼罐头100克
青椒50克｜红甜椒50克｜胡萝卜50克

▼ 配料

大蒜3瓣｜黄油10克
蛋黄沙拉酱20克｜盐少许

食材	热量
吐司120克	334千卡
金枪鱼罐头100克	106千卡
青椒50克	14千卡
红甜椒50克	13千卡
胡萝卜50克	16千卡
黄油10克	89千卡
蛋黄沙拉酱20克	35千卡
合计	607千卡

—— 烹饪要点 ——

吐司片切去四边后可以再用擀面杖擀薄一点，这样更加容易做造型。

吐司搭配细腻的蒜蓉，经过烘烤，散发出迷人的香气，配上低热量又鲜美的金枪鱼泥，加上爽脆的胡萝卜丝和青红甜椒，让人非常满足。金枪鱼是深海鱼类，富含优质蛋白质，是美容、减肥的健康食品。

▼ 制作方法

1 大蒜洗净后用刀拍松，去皮，压成蒜泥，加少许盐调匀。

2 黄油用微波炉热化，与蒜泥拌匀；烤箱预热180℃。

3 将吐司片的四边切掉，在四边的中心点切口，切到距离中心一半即可，注意不要切穿。

4 将面包片放入耐高热玻璃碗中，呈花瓣式摆放。抹刷黄油蒜泥，烤箱上层烤5分钟关火，用余温闷烤。

5 金枪鱼罐头取出鱼肉，将鱼肉压碎，加入蛋黄沙拉酱搅拌均匀。

6 青椒、红甜椒洗净后沥干水分，切成细丝；胡萝卜洗净，切成细丝。

7 将青椒丝、红甜椒丝与胡萝卜丝放入金枪鱼沙拉泥中，搅拌均匀。

8 将吐司杯从烤箱中取出，放入搅拌好的沙拉，即可食用。

三文鱼藜麦沙拉

⏱ 20分钟　🍲 简单

▼ 原料

藜麦150克 ▎三文鱼200克

▼ 配料

苦菊菜50克 ▎圣女果5颗（约20克）
牛油果1个（约100克）▎黑胡椒粉半茶匙
柠檬1个 ▎盐少许 ▎橄榄油半茶匙

食材	热量
三文鱼200克	278千卡
藜麦150克	552千卡
苦菊菜50克	43千卡
牛油果100克	161千卡
圣女果20克	5千卡
合计	1039千卡

藜麦是较受欢迎的新兴食材，不仅绿色健康还减肥瘦身，可以替代经常食用的小麦粉、大米作为主食。

▼ 制作方法

1 将藜麦放入锅中，加入没过藜麦3厘米左右的清水。

2 中火煮10～15分钟，再焖5分钟即可盛出。

3 牛油果去皮、去核，切成片。苦苣和圣女果洗净，圣女果对半切开，苦菊菜切成小段。

4 三文鱼切成2厘米见方的小块。

5 中火将锅加热，放入橄榄油。将三文鱼煎至两面金黄，盛出备用。

6 将牛油果、圣女果、苦菊菜装入容器内，加黑胡椒粉、盐搅拌均匀。

7 放入藜麦，与牛油果、圣女果、苦苣菜一起搅拌均匀。

8 再放入煎好的三文鱼；柠檬对半切开，挤出柠檬汁淋上即可。

烹饪要点

1 煎三文鱼的时间不宜过久，否则会影响口感。
2 最好选择橄榄油，其在高温时化学结构仍能保持稳定，非常适合煎炸，用它烹饪，食物会散发出诱人的香味。

香浓的芒果搭配丰腴的三文鱼，再配以紫甘蓝等蔬菜，饱腹不油腻。天然的柠檬酸，带来清新的气息，开胃助消化。

三文鱼芒果沙拉

🕐 20分钟　🍲 简单

▼ 原料

新鲜三文鱼150克 ┃ 芒果1个（约150克）
紫甘蓝50克 ┃ 黄瓜半根（约100克）

▼ 配料

柠檬半个 ┃ 黑胡椒粉少许 ┃ 盐少许

食材	热量
三文鱼150克	209千卡
芒果150克	48千卡
紫甘蓝50克	10千卡
黄瓜100克	15千卡
合计	282千卡

烹饪要点

如果没有柠檬，用甜醋或者香醋替代也可以。但是柠檬所含的天然植物香味能给沙拉带来更丰富的口感。

▼ 制作方法

1 新鲜三文鱼洗净后用纸巾吸干水分，切成小块。

2 芒果去皮、去核，切成小块；紫甘蓝洗净，切丝；黄瓜洗净，去皮，切小块。

3 柠檬挤出汁备用。

4 将所有食材混合，撒上黑胡椒粉、盐、柠檬汁，搅拌均匀即可。

三文鱼牛油果沙拉

⏰ 10 分钟　🍲 中等

▼ 原料

牛油果1个 ┃ 生三文鱼100克

▼ 配料

吐司1片 ┃ 柠檬1/2个 ┃ 盐少许 ┃ 日本酱油适量

食材	热量
牛油果200克	320千卡
生三文鱼100克	139千卡
合计	459千卡

—————— 烹饪要点 ——————

如果早上起来不想吃冷食，可以把三文鱼放入平底锅中两面煎熟，再切成丁和其他食材一同拌匀即可。

▼ 制作方法

1 牛油果去皮、去核，切成1厘米见方的块，三文鱼也切成和牛油果差不多大小的块。

2 吐司用烤箱或平底锅烘烤一会儿，变脆后即可取出切成小块。

3 吐司、牛油果和三文鱼一同放入梅森杯中。

4 挤入半个柠檬汁，加入盐和日本酱油调味即可。

牛油果和三文鱼不仅色彩鲜艳，营养也很丰富。牛油果和三文鱼都富含不饱和脂肪酸，常食有很好的降低血脂和胆固醇、防止心血管疾病的食疗效果。

CHAPTER 2 可口热菜

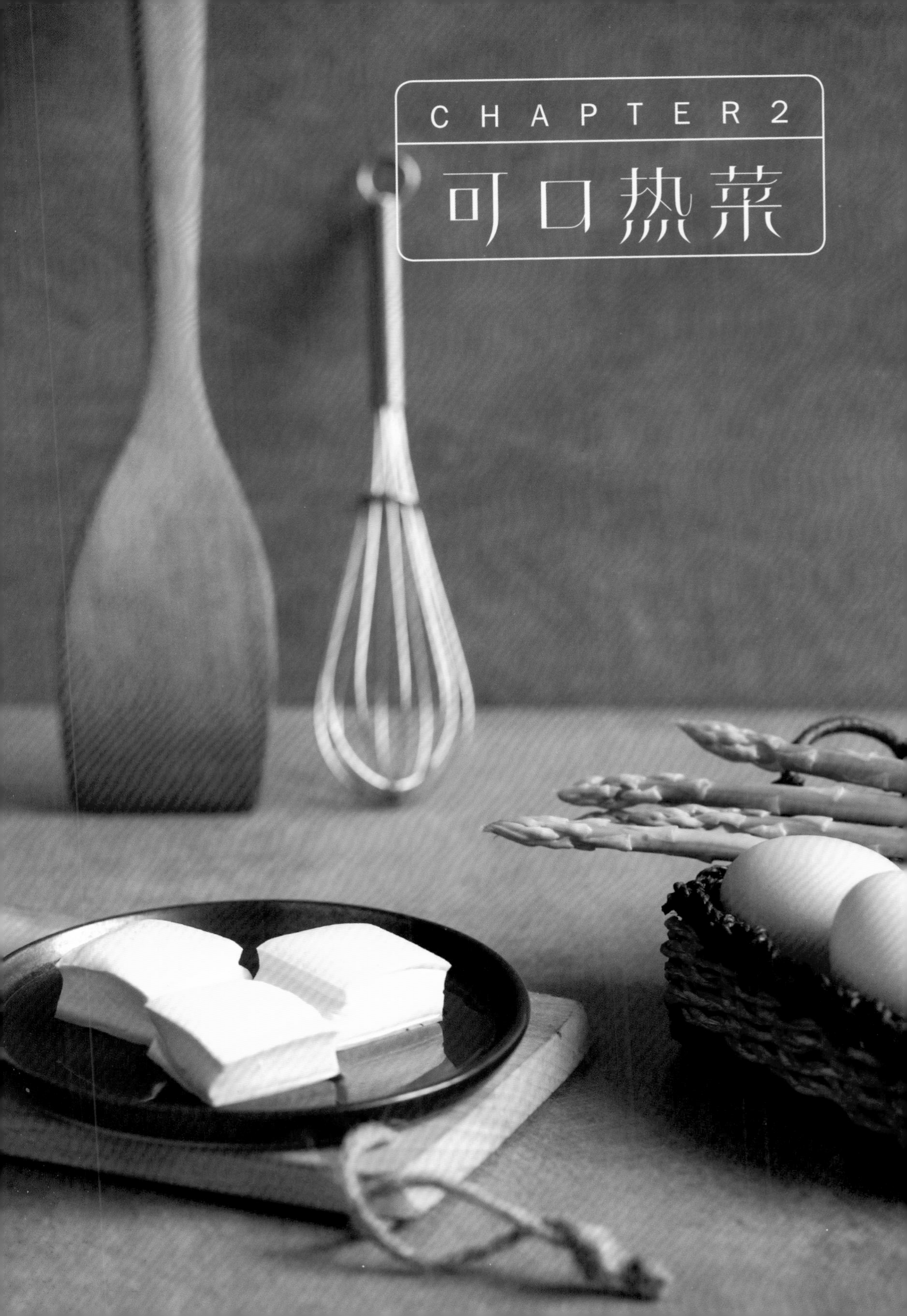

五色菠菜卷

⏱ 80 分钟　🍲 复杂

色彩鲜艳的食物总能吸引眼球，这道菠菜卷就是绿色的饼皮加多种食材做成的。自己榨的菠菜汁和面，绿色纯天然，含有丰富的膳食纤维，可以改善减脂期间容易出现的便秘现象。

▼ 原料

鸡腿肉200克 ▎生菜叶40克
面粉100克 ▎菠菜20克 ▎紫甘蓝30克
胡萝卜30克 ▎番茄30克

▼ 配料

料酒1汤匙 ▎老抽2茶匙 ▎蚝油1茶匙
黑胡椒粉1/2茶匙 ▎白糖1茶匙

食材	热量
鸡腿肉200克	362千卡
生菜叶40克	6千卡
面粉100克	362千卡
菠菜20克	6千卡
紫甘蓝30克	8千卡
胡萝卜30克	10千卡
番茄30克	5千卡
合计	759千卡

—— 烹饪要点 ——

鸡腿肉是根据照烧鸡腿的方法处理的，也可以买现成的奥尔良鸡腿。

▼ 制作方法

1 将食材洗净。生菜叶一撕为二；菠菜切大段；紫甘蓝切丝；胡萝卜去皮、切丝；番茄切片。

2 将菠菜放入榨汁机，加适量清水，打成菠菜汁，滤去残渣备用。

3 取2/3的菠菜汁煮沸，加入面粉中搅拌，最后加入剩下的1/3，和好面团，盖上保鲜膜，醒20分钟。

4 鸡腿肉清洗干净后控干水分，切条，倒入料酒抓匀，腌制15分钟。

5 菠菜面团醒好后，揪成大小相近的面团，用擀面杖擀成薄薄的圆饼。

6 用煎锅或电饼铛烙饼，小火烙熟一面后翻面，再将另一面烙熟。

7 炒锅烧热后放入老抽、蚝油、黑胡椒粉和白糖，小火搅至起泡，放入鸡腿肉煎熟。

8 最后将蔬菜和鸡腿肉按个人喜好铺在菠菜饼上，卷起来就完成了。

玉米杂蔬汤

⏱ 70 分钟　🥄 简单

▼ 原料

甜玉米100克 ┃ 山药60克
土豆60克 ┃ 胡萝卜60克 ┃ 西蓝花60克
黄豆芽60克 ┃ 鲜香菇60克

▼ 配料

盐1/2茶匙 ┃ 香油2滴

食材	热量
甜玉米100克	107千卡
山药60克	34千卡
土豆60克	49千卡
胡萝卜60克	19千卡
西蓝花60克	22千卡
黄豆芽60克	28千卡
鲜香菇60克	16千卡
合计	275千卡

整道菜混合了果菜、茎菜、根菜、花菜还有菌菇。清甜的玉米可促进肠胃蠕动，软糯的山药可帮助消化，爽口的西蓝花热量极低，鲜香的香菇可美容养颜……只加一点香油和盐调味，扑鼻的清香让人神清气爽。

▼ 制作方法

1 玉米切段；山药、土豆、胡萝卜去皮，切滚刀块；西蓝花切小朵；鲜香菇一切为二或四。

2 烧一锅热水，水沸后向锅内加少量盐，将西蓝花焯一下，捞出后过凉备用。

3 取一砂锅，用黄豆芽铺底，加满水，盖上盖子，大火煮沸后转小火煮20分钟。

4 放入玉米，中小火煮30分钟。

5 放入山药、土豆、胡萝卜，中小火烧20分钟。

6 加西蓝花和香菇，烧5~10分钟，加盐和香油。

—— 烹饪要点 ——

小火慢煲会使食材的味道相互渗透、相互融合，如果不着急可以多煲一会儿。

剁椒茄子

⏱ 8分钟　🍲 中等

盐水浸泡过的茄子再也不是从前那个吸油猛兽，而剁椒的加入瞬间就能让人食欲大开。

▼ 原料

长茄子2根（约300克）

▼ 配料

剁椒3汤匙 ▎姜5克 ▎大蒜3瓣
香葱2根 ▎白砂糖2茶匙 ▎盐少许
油适量

食材	热量
长茄子300克	69千卡
剁椒45克	19千卡
合计	88千卡

—————— 烹饪要点 ——————

茄子放入淡盐水浸泡，可以防止氧化变黑，还能减少吸油量。

▼ 制作方法

1 长茄子去蒂洗净，斜切滚刀块待用。

2 姜、大蒜去皮洗净，切姜末、蒜末；香葱洗净，切葱粒。

3 炒锅内倒入适量油，烧至七成热，放入茄子快炒2分钟左右。

4 待茄子炒至变软后，盛出装盘待用。

5 锅内再倒入少许油，烧至六成热，爆香姜末、蒜末。

6 然后放入剁椒，中火慢炒至剁椒香气溢出。

7 接着将炒制过的茄子再次入锅翻炒均匀。

8 最后调入白砂糖、盐翻炒调味，撒入葱粒即可。

无油青椒炒杏鲍菇

⏱ 10分钟　🍲 简单

这道菜简单到不能再简单。在锅里无油煸炒杏鲍菇让其出水的方法非常简单，令杏鲍菇的口感肉头又筋道，搭配青椒的清香，如此质朴的味道你多久没有吃过了？

▼ 原料

杏鲍菇400克

▼ 配料

青椒50克 ▎盐1/2茶匙
香葱碎少许

食材	热量
杏鲍菇400克	140千卡
青椒50克	11千卡
合计	151千卡

▼ 制作方法

1 杏鲍菇洗净后顺着纹理撕成长条，中等粗细就可以。

2 青椒洗净后去瓤、去子，切细长丝。

3 取一不粘锅，烧热后放入杏鲍菇，中火翻炒，令杏鲍菇均匀受热。

—— 烹饪要点 ——

这道菜冷吃热吃都可以，绝对是零油低脂健康餐。

4 盖上锅盖，焖2分钟直到所有杏鲍菇变软。

5 然后放入青椒丝，翻炒一下。

6 最后放盐调味，点缀香葱碎。

谁说减脂餐一定要清淡？这道看上去红红火火的酸辣魔芋丝表示不服。魔芋丝热量非常低，饱腹感强，口感弹牙爽滑，整道菜酸辣鲜香，爱吃酸辣又想减脂的小伙伴一定不能错过！

酸辣魔芋丝

⏱ 15分钟　🍲 简单

▼ 原料

魔芋丝400克

▼ 配料

少油老干妈2茶匙
少油郫县豆瓣酱2茶匙
盐1/2茶匙 ┃ 醋1茶匙 ┃ 香葱碎3克

食材	热量
魔芋丝400克	48千卡
少油老干妈10克	86千卡
少油郫县豆瓣酱10克	18千卡
合计	152千卡

▼ 制作方法

1 魔芋丝冲洗干净，控水备用。

2 起一炒锅，锅热后转小火，放入老干妈和郫县豆瓣酱，慢慢煸炒出香味。

3 炒香后，向锅内加入适量清水，煮沸。

—— 烹饪要点 ——

如果觉得老干妈和豆瓣酱太油，可以过一下水，这样既保证了辣度，又减少了油脂。

4 水沸后，放入魔芋丝，焖煮5分钟。

5 5分钟后关火，加盐调味，按个人喜好倒入一点儿醋。

6 盛入碗中，撒上香葱碎就可以了。

咖喱魔芋炒时蔬

⏰ 45分钟　🍲 中等

▼ 原料

魔芋块200克

▼ 配料

咖喱块30克 ▎ 樱桃番茄50克
生菜200克 ▎ 食用油1/2茶匙
盐1/2茶匙 ▎ 香葱碎少许

食材	热量
魔芋块200克	20千卡
咖喱块30克	102千卡
樱桃番茄50克	13千卡
生菜200克	24千卡
合计	159千卡

烹饪要点

生菜洗净后在盐水中浸泡是为了使叶片脱水，以免在后面熬煮时出水，影响口感。

魔芋作为超低热量食材，是减脂期不可忽视的存在。樱桃番茄具有健胃消食的作用；生菜富含膳食纤维，经常吃可以帮助消除多余脂肪。再用人见人爱的咖喱粉调味，健康又好吃！

▼ 制作方法

1 生菜洗净后在盐水中浸泡10分钟。

2 将生菜捞出，冲洗一下后撕成小片，放在一旁控干水分。

3 把樱桃番茄和魔芋块洗净，分别切成小块和厚片。

4 起一炒锅，倒油，油烧热后放入樱桃番茄块和魔芋片，翻炒5分钟。

5 转小火，向锅内倒入400毫升热水，水沸后关火。

6 将咖喱块放入汤中，搅拌至全部溶解在汤中。

7 开中火，放入撕好的生菜叶，小火煮5分钟左右。

8 直至咖喱看起来黏稠，加少许盐调味，即可关火出锅，撒少许香葱碎点缀。

香煎秋葵

⏰ 10 分钟　🍲 简单

▼ 原料

秋葵400克

▼ 配料

橄榄油1/2茶匙 ▎蒜片10克
孜然粒1茶匙 ▎盐1/2茶匙

食材	热量
秋葵400克	100千卡
合计	100千卡

—— 烹饪要点 ——

秋葵要买嫩的，大小约为食指的长度和粗度，太大的容易有比较老的纤维，影响口感。

▼ 制作方法

1 秋葵洗净后去掉两端，纵向对半切开备用。

2 取一煎锅，烧热后用刷子涂上一层薄薄的橄榄油。

3 油微热后放入蒜片和孜然粒，小火慢慢煎出香味，直至蒜片微微焦黄。

4 然后放入秋葵，中小火一直煎到成熟变软，最后撒盐调味即可。

吃腻了水煮秋葵，今天我们换个吃法，做一道烧烤味的煎秋葵。秋葵由于营养价值高、味道好而被大众喜爱。秋葵对胃部疾病有改善作用，还可以促进消化。多放点孜然和蒜片，素菜的滋味也可以很浓郁。

什锦面筋煲

⏱ 15 分钟　🍲 简单

天气一变凉就想要吃热乎的，煲一锅解馋的什锦面筋煲吧。竹笋、山药和白菜都可以帮助肠胃消化，胡萝卜和西蓝花都是美容减脂的食材。温润的汤汁不油不腻，混合时蔬的香气，一口下肚，解馋又满足。

▼ 原料

油面筋20克 ∣ 鲜竹笋80克
山药80克 ∣ 胡萝卜80克
嫩白菜叶80克 ∣ 西蓝花80克

▼ 配料

盐1/2茶匙 ∣ 香葱末少许

食材	热量
油面筋20克	98千卡
鲜竹笋80克	18千卡
山药80克	46千卡
胡萝卜80克	26千卡
嫩白菜叶80克	16千卡
西蓝花80克	29千卡
合计	233千卡

▼ 制作方法

1 鲜竹笋、山药、胡萝卜洗净后去皮，切滚刀块。

2 嫩白菜叶、西蓝花洗净后掰成小块。

3 取一砂锅，加适量水煮沸，先放入不容易成熟的竹笋、山药和胡萝卜，盖上锅盖，大火煮8分钟。

4 8分钟后放入西蓝花和嫩白菜叶，油面筋用手捏一下之后放入，转小火煲5分钟，最后加适量盐调味，点缀香葱碎。

—— 烹饪要点 ——

也可以在锅内加入粉丝或意面一起煲，这样就可以做主食吃了。

清蒸黄瓜塞肉

⏱ 25分钟　🍲 简单

这是一道没有用油的菜，在更健康的同时并没有丢掉好味道。黄瓜是很好的"肠道清道夫"，可以帮我们排出肠内垃圾。

▼ 原料

黄瓜150克 ┃ 猪肉泥100克

▼ 配料

蛋清30克
玉米粒、豌豆、胡萝卜粒共50克
料酒2茶匙 ┃ 盐1/2茶匙
味极鲜酱油1/2茶匙

食材	热量
黄瓜150克	24千卡
猪肉泥100克	143千卡
蛋清30克	18千卡
玉米粒、豌豆、胡萝卜粒50克	66千卡
合计	251卡

—— 烹饪要点 ——

蒸的菜一定要趁热吃，否则容易变得干硬，影响口感。

▼ 制作方法

1 把猪肉泥放在干净的碗中，加入蛋清、料酒和盐，用三根筷子顺时针搅匀，腌制15分钟。

2 将玉米粒、豌豆和胡萝卜粒洗净后擦干水分，混入肉馅中搅拌均匀。

3 黄瓜洗净后去皮，用刨皮刀由上到下刨成长长的黄瓜薄片。

4 取一半黄瓜片由一侧卷起，像卷纸巾一样卷成黄瓜花，然后用牙签横穿固定。

5 另一半黄瓜片卷成空心的圆柱卷，把准备好的肉馅塞进去。

6 取一蒸锅，水沸后把卷有肉馅的黄瓜卷摆在蒸屉中，蒸制20分钟。

7 20分钟后关火，取出黄瓜卷，和黄瓜花一起摆放在盘中。

8 最后往每个有肉的黄瓜卷上滴少许味极鲜酱油就可以了。

苏子叶鸡肉卷

⏱ 10 分钟　🍳 简单

夏天到了，满大街都是烧烤，我们既想吃又怕胖怎么办呢？来做一款简单好上手的鸡肉卷吧，能解馋还不用担心长胖。

▼ 原料

新鲜鸡胸肉400克

▼ 配料

大蒜100克 ▏新鲜苏子叶200克
椒盐2克 ▏油1汤匙

食材	热量
鸡胸肉400克	532千卡
苏子叶200克	60千卡
大蒜100克	128千卡
合计	720千卡

▼ 制作方法

1 新鲜鸡肉洗净，去除看得见的多余肥肉，然后将鸡胸肉斜刀切成薄片。

2 将新鲜苏子叶洗净备用。

3 大蒜剥皮、切片备用。

4 不粘锅加热，放底油，将鸡胸肉煎至两面金黄后装盘备用。

5 苏子叶平铺盘内，加入刚刚煎好的鸡胸肉。

6 放入蒜片和少许椒盐，用苏子叶包裹即食。

—— 烹饪要点 ——

1 鸡胸肉要切得薄厚均匀，加热的时候才会受热均匀。
2 可以用"帕玛喷锅油"在锅内喷一下，方便控制油量。
3 如果怕吃蒜有"味道"，可以换成青辣椒圈。

奥尔良鸡腿肉烤土豆

⏰ 30分钟　🍲 简单

要用最简单的方法做出最好吃的东西，过程不繁琐、易操作，而且超级美味。

▼ 原料

新鲜去骨去皮鸡腿肉400克
土豆250克

▼ 配料

奥尔良调料35克 ▏ 孜然10克
芝麻5克 ▏ 蒜50克 ▏ 橄榄油1茶匙

食材	热量
鸡腿肉400克	724千卡
土豆250克	203千卡
奥尔良调料35克	116千卡
孜然10克	16千卡
芝麻5克	27千卡
合计	1086千卡

—— 烹饪要点 ——

如果没有蒜，换成洋葱也可以。喜欢吃奶酪的也可以在快出炉的时候加入低脂奶酪。也可以加入小番茄进行点缀。烤制时翻面可以使鸡腿肉口感不干不柴。

▼ 制作方法

1 将去皮去骨的鸡腿肉洗净，控干水分，切成2厘米见方的小块，装入容器备用。

2 土豆去皮，洗净，切成小块备用。

3 蒜瓣一分为二，放入鸡腿肉里，放入奥尔良调料，搅拌均匀，腌制1小时。

4 将烤盘铺上锡纸，土豆平铺在烤盘上，加入橄榄油拌匀。

5 将腌制好的鸡腿肉平铺在土豆上，撒上孜然、芝麻。

6 烤箱220℃预热2分钟，将烤盘放入中层，烤制15分钟。

7 烘烤15分钟后，将土豆和鸡腿肉翻面，再烘烤10～15分钟至两面金黄即可。

白菜煲鸡腿

⏱ 60 分钟　🍲 中等

天气寒冷时，我们特别想喝一款暖心暖胃的煲汤，可是又怕油脂多，那么就做一款健康少油的。干菜会吸收一部分油脂，鸡肉本身就去了皮和多余油脂，所以不用担心摄入多余的脂肪。

▼ 原料

新鲜去皮鸡腿2个（约300克）

▼ 配料

泡发好的白菜干100克 ▎红枣4颗
蜜枣2颗 ▎料酒1茶匙 ▎姜2片 ▎盐3克

食材	热量
白菜干100克	40千卡
鸡腿肉300克	543千卡
合计	583千卡

▼ 制作方法

1 将新鲜鸡腿洗净，去除多余油脂，然后剁成5厘米左右的块。

2 将泡发好的白菜干切成5厘米左右的段备用。

3 锅内加适量冷水、料酒、姜片，放入剁好的鸡腿，中小火煮开，焯去血沫和腥味。

4 另起锅，加清水没过鸡腿四五厘米，加入泡发好的白菜干、红枣、蜜枣。

5 大火煮开10～15分钟后，转中小火继续煲30～40分钟。

6 出锅后加盐调味即可。

—— 烹饪要点 ——

1 泡发白菜干时，用清水没过白菜干三四厘米即可。

2 白菜干一定要隔夜泡发，仔细清洗多遍。清洗时要把水分挤出来再洗，反复多次，不然煲的汤会有涩味。

番茄罗勒炖鸡胸

⏱ 50分钟　🍲 中等

这是一道充满意式风味的菜肴，番茄具有美白祛斑的作用，可以提亮肤色，鸡胸是高蛋白低脂肪的肉类，两者搭配，成就了这道酸甜浓郁、低脂健康的美味。

▼ 原料

鸡胸肉400克 ▌番茄200克

▼ 配料

洋葱丝30克 ▌蒜片5克 ▌盐1/2茶匙
黑胡椒粉1/2茶匙 ▌白胡椒粉1茶匙
干罗勒碎5克 ▌香葱碎少许

食材	热量
鸡胸肉400克	532千卡
番茄200克	30千卡
洋葱丝30克	12千卡
蒜片5克	6千卡
合计	580千卡

—— 烹饪要点

切鸡肉时，和鸡肉纹理呈45°下刀，这样切出的鸡肉更滑嫩、更好吃。

▼ 制作方法

1 鸡胸肉洗净后控干水分，切成1.5厘米宽的大条。

2 在鸡肉条上均匀涂抹盐、黑胡椒粉和白胡椒粉，腌制10分钟。

3 番茄洗净后去蒂，切成小块，放到碗里备用，千万不要浪费汤汁。

4 取一不粘锅，放入鸡肉条，两面煎至金黄，盛出。

5 锅内放入蒜片和洋葱丝，小火炒出香味，然后倒入切好的番茄。

6 翻炒几下后放入鸡胸肉，翻炒均匀后盖上锅盖，中小火煮到番茄软烂成泥。

7 10分钟后，打开锅盖，加入盐、黑胡椒粉、白胡椒粉和罗勒碎，搅拌均匀。

8 开大火收汁，汤汁浓稠后关火，盖上锅盖，闷20分钟让鸡肉入味，盛出，撒香葱碎即可。

番茄焖鸡胸丸

⏱ 60 分钟　🍲 复杂

已经厌倦了水煮鸡胸、烤鸡胸……现在教你解锁鸡胸的新吃法——鸡胸丸。在鸡胸肉泥中混合燕麦片会让肉丸的口感更好，而且有助于消化吸收。搭配番茄熬一锅红汤，获得视觉与味觉的双重享受，而且不必担心会吃胖。

▼ 原料

鸡胸肉末300克 ▌即食燕麦片20克
鸡蛋1个（约50克）▌胡萝卜50克
番茄100克

▼ 配料

料酒1茶匙 ▌盐1/2茶匙
黑胡椒粉1/2茶匙 ▌番茄酱15克
葱花5克 ▌蒜片3克

食材	热量
鸡胸肉末300克	399千卡
即食燕麦片20克	68千卡
鸡蛋50克	72千卡
胡萝卜50克	16千卡
番茄100克	15千卡
番茄酱15克	12千卡
合计	582千卡

▼ 制作方法

1 将鸡胸肉末、即食燕麦片和鸡蛋混合，加入料酒、黑胡椒粉和盐拌匀，揉成丸子。

2 将胡萝卜和番茄洗净，胡萝卜去皮、切块，番茄去蒂、切块。

3 取一不粘锅，烧热后放入葱花和蒜片炒香，然后放入番茄块，翻炒至变软。

4 放入胡萝卜块，倒入适量清水，加入番茄酱，盖上锅盖，小火焖煮5分钟。

5 另起一不粘锅，烧热后转小火，放入刚刚揉好的丸子，慢慢煎至表面金黄。

6 将煎好的丸子放入煮有番茄的锅里，盖上锅盖，小火焖20分钟，加盐，点缀葱花即可。

—— 烹饪要点 ——

煮好的番茄鸡胸丸可以隔夜再吃，泡了一夜的丸子会更加入味，味道更好。

清蒸鸡胸白菜卷

⏱ 45分钟　🍲 中等

嫩绿柔软的白菜叶包着鸡胸和香菇，鲜美的汤汁不断地流出来，香菇的鲜味则是整道菜的灵魂。这道菜清淡素雅，热量很低。

▼ 原料

鸡胸肉300克 ▎ 鲜香菇40克 ▎ 白菜叶150克

▼ 配料

葱花、姜末各3克
黑胡椒粉和白胡椒粉各1/2茶匙
料酒1/2汤匙 ▎ 味极鲜酱油1/2茶匙
蒸鱼豉油1/2茶匙

食材	热量
鸡胸肉300克	399千卡
鲜香菇40克	10千卡
白菜叶150克	30千卡
合计	439千卡

—— 烹饪要点 ——

剩下的白菜帮也不要浪费，切成细丝，拌上葱花、酱油、醋、香油，就是一道美味又简单的小凉菜。

▼ 制作方法

1 鸡胸肉洗净后切小丁；香菇洗净，去蒂，切薄片。

2 将鸡胸肉丁和香菇片放在碗中，加入葱花、姜末、黑白胡椒粉、料酒和味极鲜酱油，搅打均匀，腌10分钟。

3 白菜叶切去菜帮，只用叶片部分，如果较硬，可以用热水稍微烫一下，然后控干水分备用。

4 在叶片一端放入适量鸡肉馅，卷起来，如果白菜较硬不好固定，可以用牙签辅助，卷好后放到盘子里。

5 取一蒸锅，锅内放凉水，将白菜卷放入蒸屉内，开大火。

6 等水开后，改中大火继续蒸15分钟左右。

7 15分钟后关火，不用闷，戴手套端出盘子。

8 在每个白菜卷上滴上几滴蒸鱼豉油调味就可以了。

笋干蒸鸡胸

⏱ 50分钟　🍳 中等

减脂增肌界有一大难题——鸡胸肉到底怎么做才能不干不柴？这道笋干蒸鸡胸告诉你答案。笋干脆、鸡胸嫩、豆豉鲜，如果多放一点盐就是妥妥的米饭杀手。所以，吃可以，记得少放盐哦。

▼ 原料

鸡胸肉300克 ┃ 泡发的笋干200克

▼ 配料

干豆豉20克 ┃ 大蒜10克
蚝油1/2茶匙 ┃ 生抽1茶匙
食用油1/2茶匙 ┃ 香葱碎少许

食材	热量
鸡胸肉300克	399千卡
泡发的笋干200克	84千卡
干豆豉20克	54千卡
大蒜10克	13千卡
合计	550千卡

▼ 制作方法

1 鸡胸肉洗净，剔除油脂和白膜，然后切成粗条。

2 泡发的笋干用沸水焯3分钟，去掉涩味，切成长条。

3 干豆豉和大蒜清洗一下，切成碎末，放入碗中，加入蚝油和生抽，拌匀成酱料。

—— 烹饪要点 ——

想要更简单低脂，可以不用炒酱，把鸡肉和豆豉、大蒜及调料混合抓匀，直接蒸制就可以。

4 取一炒锅，烧热后倒入油，油微热后倒入酱料，小火翻炒出香味。

5 取大碗，最底下铺笋干，然后一层酱、一层肉地铺好。

6 凉水上锅蒸，蒸气上来后再蒸30分钟，可撒少许香葱碎点缀。

减脂期间如何控制每日热量的摄入？吃外卖肯定是不行的！这道看起来有一点"寡淡"的杏鲍菇煎炒鸡胸可以帮助没时间、没技巧的小白们找到最佳方案。制作简单，而且味道绝对不会像看起来的那样苍白。减脂的小伙伴们还不快试一下？

杏鲍菇煎炒鸡胸肉

⏱ 15 分钟　🍲 简单

▼ 原料

鸡胸肉200克 ▏杏鲍菇100克

▼ 配料

盐1/2茶匙 ▏黑胡椒粉1/2茶匙
食用油1/2茶匙 ▏淀粉8克
香葱碎少许

食材	热量
鸡胸肉200克	266千卡
杏鲍菇100克	35千卡
合计	301千卡

▼ 制作方法

1 鸡胸肉洗净后控干水分，顺着纹理切成长条，放在碗中。

2 向碗中加入盐、黑胡椒粉、食用油和淀粉抓匀，腌制10分钟。

3 杏鲍菇洗净，切圆薄片备用。

—— 烹饪要点 ——

加水焖1分钟的目的是让杏鲍菇成熟，同时也会使鸡胸肉变嫩，肉质不那么柴。

4 起一炒锅，烧热后倒入少许油，油微热后倒入鸡胸肉条，小火翻炒至金黄。

5 再放入切好的杏鲍菇片，加入一点清水，盖上锅盖焖1分钟。

6 1分钟后，再加入少许盐和黑胡椒粉调味，即可出锅，可撒少许香葱碎点缀。

番茄南瓜牛腩煲

⏱ 50 分钟　🍲 简单

酸甜的番茄，软糯的牛腩，香甜的南瓜，搭配得恰到好处，老少皆宜。而且番茄、南瓜、牛腩中都含有对人体有益的多种营养元素。

▼ 原料

新鲜牛腩500克 ｜ 番茄1个（约80克）
南瓜100克

▼ 配料

姜3片 ｜ 大葱1根 ｜ 八角1个
盐半茶匙 ｜ 桂皮2克 ｜ 料酒2茶匙
油2茶匙

食材	热量
牛腩500克	1660千卡
番茄80克	12千卡
南瓜100克	23千卡
合计	1695千卡

——— 烹饪要点 ———

1 牛腩可选择瘦一点的，能减少油脂摄入。

2 在炖煮过程中要不时搅拌一下，避免煳锅。

▼ 制作方法

1 牛腩洗净，切成2厘米见方的块。

2 番茄和南瓜分别洗净，切成小块。大葱切段，装盘备用。

3 牛腩加入适量冷水和料酒，大火煮沸，撇除血沫，捞出备用。

4 锅内热油。当油微微泛起白烟时，加入葱段，八角、桂皮、姜片爆香。

5 放入番茄块炒制两三分钟，使番茄软烂。

6 放入牛腩，加温水400毫升，大火煮开后转小火炖20～30分钟。

7 把南瓜也放入锅中继续炖煮10～15分钟。

8 当筷子能轻松插透牛腩，南瓜软烂时，大火收汁，加盐调味即可。

番茄酸菜炖牛肉

⏰ 150 分钟　🍲 复杂

番茄总能恰到好处地刺激味蕾，略带烟熏味道的牛肉浓汤让人欲罢不能。酸菜作为腌制食品虽然没有新鲜蔬菜营养价值高，但胜在方便、好吃、富含膳食纤维，能提升肠胃功能。

▼ 原料

牛肉200克 ∣ 圆白菜200克
酸菜100克 ∣ 口蘑100克 ∣ 洋葱30克

▼ 配料

番茄膏1汤匙 ∣ 盐1/2茶匙
黑胡椒粉1/2茶匙 ∣ 料酒1汤匙
香葱碎少许

食材	热量
牛肉200克	212千卡
圆白菜200克	48千卡
酸菜100克	15千卡
口蘑100克	277千卡
洋葱30克	12千卡
番茄膏15克	12千卡
合计	576千卡

—— 烹饪要点 ——

将炒蘑菇出的水再收干这一步必不可省，这是使得蘑菇口感筋道的关键。

▼ 制作方法

1 牛肉洗净，切成类似小拇指第一指节大的丁，焯水备用。

2 将蔬菜洗净。圆白菜去硬梗，切5毫米粗的丝；酸菜切小段；口蘑一切为四；洋葱切粗丝。

3 取一不粘锅，烧热后放入牛肉，小火翻炒至两面焦黄，盛出备用。

4 继续向锅内放入圆白菜丝和洋葱丝，加少许盐，翻炒至圆白菜变软，盛出备用。

5 锅内放入口蘑，撒盐，中火炒到口蘑出水，转小火慢慢把水分炒干。

6 把焯好的牛肉放入锅中，再放入圆白菜丝、洋葱丝和酸菜段翻炒。

7 加黑胡椒粉、番茄膏、料酒和足量清水，盖上锅盖，小火煮2小时。

8 尝一下咸淡，视情况加少许盐调味，盛出，撒香葱碎点缀即可。

牛肉炖萝卜

⏱ 60分钟　🍲 中等

▼ 原料

牛肉300克 ┃ 白萝卜300克

▼ 配料

葱5克 ┃ 姜5克 ┃ 食用油2克
生抽1/2茶匙 ┃ 胡椒粉1/2茶匙
盐1/2茶匙

食材	热量
牛肉300克	318千卡
白萝卜300克	48千卡
合计	366千卡

—— 烹饪要点

加太多生抽不仅汤的颜色会深，而且
会盖住食物本身的味道。生抽的主要
作用是提鲜，咸淡可通过加盐调节。

大块精瘦的牛肉和软烂通透的萝
卜，浸泡在清澈的高汤里，一口
下去，暖暖的、很满足。白萝卜
可以助消化，宽肠通便。冬天里
喝一碗这样的汤，能够温暖每一
颗想家的心。

▼ 制作方法

1 将牛肉切成3厘米见
方的块，冷水下锅，水
沸后转小火煮5分钟，
撇去浮沫。

2 把牛肉捞出，用温
水冲洗干净，控干水分
备用。

3 白萝卜洗净、去皮，
切和牛肉大小相同的块；
姜切姜片和姜末；葱切
葱段和葱碎。

4 起一煮锅，倒入油，
油热后爆香葱碎和姜末。

5 然后放入牛肉块，加
入生抽翻炒均匀。

6 加入葱段、姜片和胡
椒粉，倒入热水，大火
煮沸后盖上锅盖，转小
火煮炖30分钟。

7 加入白萝卜，把肉
翻到萝卜上面，盖上锅
盖，继续炖煮。

8 等到白萝卜透明且肉
香四溢时关火，加盐调
味，葱花点缀就可以了。

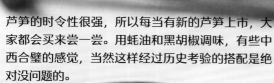

蚝油芦笋牛肉粒

芦笋的时令性很强，所以每当有新的芦笋上市，大家都会买来尝一尝。用蚝油和黑胡椒调味，有些中西合璧的感觉，当然这样经过历史考验的搭配是绝对没问题的。

⏱ 20分钟　🍲 简单

▼ 原料

牛肉200克 ｜ 芦笋250克

▼ 配料

蚝油1茶匙 ｜ 黑胡椒粉1/2茶匙
淀粉2茶匙 ｜ 料酒1汤匙
食用油1/2茶匙 ｜ 蒜蓉3克
姜蓉3克 ｜ 老抽1/2茶匙 ｜ 葱花少许

食材	热量
牛肉200克	212千卡
芦笋250克	55千卡
合计	267千卡

▼ 制作方法

1 牛肉切成1厘米见方的丁；芦笋去掉老根，切1厘米见方的丁。

2 牛肉丁中放蚝油、黑胡椒粉、淀粉和料酒，搅匀后腌制15分钟。

3 取一炒锅，烧热后放油，中火将蒜蓉和姜蓉炒香。

4 放入腌好的牛肉丁，滑炒至完全变色，盛出备用，不用关火。

5 把芦笋放入炒锅中，大火炒2分钟至断生，淋入少许清水。

6 将牛肉丁倒回锅中，加入老抽，翻炒均匀即可出锅，点缀葱花。

—— 烹饪要点 ——

1 腌制牛肉丁时最好用手抓，而且多捏几下，可以让肉更入味。

2 滑炒牛肉粒时油温不要太高，五六成热即可，不然肉质容易变老。

牛肉豆腐锅

⏱ 110分钟　🍳 中等

冬天是吃暖身砂锅的季节。不用担心牛肉会使人发胖，牛肉的蛋白质含量高，脂肪含量低，香味浓郁，搭配饱腹感十足的豆腐，根本不用担心会吃多。这样温暖的食物，就是冬天里最简单的幸福。

▼ 原料

牛肉300克 ┃ 豆腐300克

▼ 配料

洋葱30克 ┃ 秋葵30克
鸡蛋1个（约50克） ┃ 姜片3克
酱油1汤匙 ┃ 盐1/2茶匙

食材	热量
牛肉300克	318千卡
豆腐300克	252千卡
洋葱30克	12千卡
秋葵30克	8千卡
鸡蛋50克	72千卡
合计	662千卡

▼ 制作方法

1 将牛肉切成3厘米见方的块，焯水，洗净后加入姜片和没过牛肉的热水，大火煮沸后转小火炖1小时至变软。

2 将秋葵和洋葱洗净。秋葵切掉根部，斜切成块；洋葱切成粗条；豆腐切成和牛肉差不多大的块。

3 将洋葱和豆腐码放在砂锅中，洋葱铺底，豆腐放在一边。

4 将煮好的牛肉汤和牛肉转移到砂锅中，倒入酱油和盐。

5 盖上盖子，小火焖煮30分钟，然后放入秋葵，煮5分钟至断生。

6 打开盖子，在食材上打上一个鸡蛋，关火，加盖闷5分钟就可以了。

—— 烹饪要点 ——

打入鸡蛋后马上关火，用余温将鸡蛋闷至半熟，会有温泉蛋的效果，吃的时候用牛肉蘸半熟的蛋黄吃，非常美味。

传统的狮子头，是一道让人又爱又恨的高热量美味。而这道低脂狮子头，用山药代替肥肉，保持肉质的蓬松，荸荠则增加了爽脆的口感，整体的热量低了好多，美味却丝毫未减。

低脂狮子头

⏱ 60分钟　🍲 复杂

▼ 原料

纯瘦猪肉250克 ┃ 荸荠70克
山药150克

▼ 配料

葱5克 ┃ 姜3克 ┃ 盐1/2茶匙
蚝油1/2茶匙 ┃ 蒸鱼豉油1/2茶匙
香葱碎少许

食材	热量
纯瘦猪肉250克	358千卡
荸荠70克	43千卡
山药150克	86千卡
合计	487千卡

烹饪要点

搅打肉馅时加盐不仅可以增加咸味，而且能够提高肉馅的黏稠度。

▼ 制作方法

1 猪肉洗净后擦干水分，剁成肉泥。

2 荸荠和山药洗净后去皮，荸荠切成小丁，山药用料理机打成糊状。

3 葱姜剁成末，将以上食材全部混合在一起，放在一个碗中。

4 往碗中加入盐和蚝油，用三只筷子沿着一个方向搅打肉馅至上劲。

5 用手抓起肉馅反复拍打捏紧，把肉馅里的空气排出，再揉成丸子的形状。

6 锅内烧开水，将丸子溜边滚入锅中，氽烫至表面定形后捞出，码放在盘子里。

7 取一蒸锅，水沸后将装有丸子的盘子放入蒸屉，盖上锅盖，蒸20分钟。

8 最后将盘子取出，每个狮子头上淋蒸鱼豉油，撒少许香葱碎点缀就可以了。

鲜虾香菇盅

⏱ **40 分钟** 🥄 **简单**

▼ 原料

鲜香菇100克 ▌鲜虾仁150克
荸荠30克 ▌胡萝卜30克

▼ 配料

黄酒少许 ▌盐1/2茶匙
白胡椒粉1茶匙 ▌淀粉10克 ▌香葱5克

食材	热量
鲜香菇100克	26千卡
鲜虾仁150克	72千卡
荸荠30克	18千卡
胡萝卜30克	10千卡
淀粉10克	35千卡
合计	161千卡

—— 烹饪要点 ——

荸荠能增加口感层次，也可以选择嫩
莲藕或竹笋；胡萝卜也可以换成青豆
等色彩鲜艳的食材。

粉嫩的虾仁搭配脆爽的荸荠和热情的胡萝卜，端
坐在圆鼓鼓的香菇上面。这么健康、美味又精致
的食物当然要经常吃喽。

▼ 制作方法

1 鲜香菇洗净，擦干水分后去掉菇柄，使香菇呈小碗状，留两个比较嫩的菇柄做馅用。

2 鲜虾仁挑出虾线，清洗后控干水分，剁成泥；胡萝卜、荸荠去皮后与菇柄、香葱分别切碎备用。

3 虾肉泥放碗中，加入黄酒（去腥）、盐和白胡椒粉，朝一个方向搅打均匀。

4 再加入胡萝卜碎、荸荠碎、菇柄碎，搅打上劲，嵌入香菇内静置10分钟。

5 静置的同时在蒸锅内加水，将水煮沸，把香菇摆在盘中，沸水上锅，大火蒸6分钟。

6 蒸好后把香菇盅取出摆到新的盘子中；将淀粉与80毫升清水混合制成水淀粉备用。

7 蒸出的汤汁倒入炒锅内，小火加热，可加适量盐调味，倒入水淀粉，芡汁冒小泡后关火。

8 最后把芡汁淋在蒸好的鲜虾香菇盅上，撒上少许香葱碎装饰即可。

颜色青红搭配，清新怡人。用清蒸的方法激发出食材本身的鲜甜。丝瓜是季节性比较强的蔬菜，当季吃是最合适的了。丝瓜可以淡化色斑，保护肠胃，清理肠道垃圾，是夏天里不可错过的美味。

清蒸虾仁丝瓜

⏱ 15 分钟　　🍵 简单

▼ 原料

活虾200克 ┃ 丝瓜200克

▼ 配料

蒜蓉20克 ┃ 香葱碎3克
美极鲜酱油2茶匙 ┃ 盐1/2茶匙

食材	热量
活虾200克	170千卡
丝瓜200克	40千卡
蒜蓉20克	26千卡
合计	236千卡

▼ 制作方法

1 丝瓜洗净后去皮，横向切成2厘米长的小段，铺于盘子中。

2 活虾冲洗干净后，剥去虾头和虾皮，挑去虾线后再次冲洗干净备用。

3 用小勺子取蒜蓉铺在丝瓜段上，最后把虾仁放在蒜蓉上。

4 取美极鲜酱油与盐调成酱汁，浇在虾仁上，酱汁的量要能浸透蒜蓉，流一点儿在丝瓜上为最佳。

5 蒸锅内烧水，水沸后放入装有食材的盘子，中大火隔水蒸五六分钟。

6 出锅后撒香葱碎装饰即可。

—— 烹饪要点 ——

因为虾仁和丝瓜很容易成熟，所以蒸制时间不宜过长。

▼ 原料

嫩白菜叶100克 ▌虾仁100克
鸡蛋2个（约100克）

▼ 配料

胡萝卜50克 ▌豌豆30克 ▌海带丝20克
食用油适量 ▌盐1/2茶匙
番茄沙司30毫升 ▌水淀粉50毫升

食材	热量
嫩白菜叶100克	20千卡
虾仁100克	48千卡
鸡蛋100克	144千卡
胡萝卜50克	16千卡
豌豆30克	32千卡
海带丝20克	3千卡
合计	263千卡

——— 烹饪要点 ———

如果没有海带丝，可以用焯过水的香
菜或韭菜系菜包，也可以把菜包包方
正，封口压在下面即可。

鲜虾白菜包

⏰ 25分钟　🍚 简单

俗话说"冬日白菜美如笋"。冬季里常出现在北方人
餐桌上的白菜，可不仅仅是因为它抗冻，还因为它
富含膳食纤维，可以养胃排毒、通畅肠道。

▼ 制作方法

1 烧一锅开水，将洗净
的嫩白菜叶放入水中焯
软捞出，沥干水分。

2 虾仁冲洗后挑出虾
线，再次冲洗后切小丁；
鸡蛋磕入碗中打散备用。

3 胡萝卜去皮后切豌
豆大小的丁，与豌豆和
海带丝一起焯水，捞出
过凉。

4 炒锅烧热后放油，倒
入蛋液，滑散后放虾仁
丁翻炒至变色，放胡萝
卜和豌豆，加盐调味。

5 在案板上铺一片白
菜叶，把炒好的馅料放
入白菜叶中，用海带丝
扎紧。

6 包好的鲜虾白菜包放
入碗中，放于蒸屉内，沸
水入锅，大火蒸2分钟。

7 另起炒锅，小火将番
茄沙司炒至冒小泡后倒
入水淀粉，快速搅匀，
关火。

8 将炒好的芡汁浇在蒸
好的鲜虾白菜包上就可
以享用啦。

细腻嫩滑的豆腐与高蛋白的虾仁和百搭小能手鸡蛋融合，诞生了这道集颜值、美味、营养于一身的虾仁豆腐羹。整道菜富含蛋白质，而补充优质蛋白质是减脂增肌期间必做的功课，这道菜一定可以交给大家一份满意的答卷。

虾仁豆腐羹

🕐 20分钟　🍚 简单

▼ 原料

嫩豆腐200克 ┃ 虾仁50克
干香菇20克 ┃ 鸡蛋2个（约100克）

▼ 配料

盐1/2茶匙 ┃ 料酒1茶匙
香油2毫升 ┃ 香葱碎3克

食材	热量
嫩豆腐200克	174千卡
虾仁50克	24千卡
干香菇20克	55千卡
鸡蛋100克	144千卡
合计	397千卡

▼ 制作方法

1 干香菇提前一夜用凉水泡发。

2 香菇洗净，切小丁；虾仁去虾线，洗净，切小丁。

3 嫩豆腐在干净无水的大碗中捣成泥，然后磕入鸡蛋，搅拌均匀。

—— 烹饪要点 ——

可选择嫩豆腐，也可选择北豆腐。嫩豆腐口感细腻嫩滑，北豆腐则营养更为丰富。可根据需要进行选择。

4 将香菇丁和虾仁丁倒入豆腐泥中，混合均匀。

5 调入盐和料酒，搅拌均匀后上火蒸，大火蒸10分钟。

6 最后出锅时淋上香油、撒上香葱碎就可以了。

虾仁春笋炒蛋

⏱ 15分钟　🍲 简单

海里的虾、地里的笋和陆上的蛋，浅黄粉嫩的颜色与春季的色调极为搭配。春笋的季节很短，其质地鲜嫩、口感脆爽，有助于宽肠排毒；虾仁和鸡蛋都是补充优质蛋白质的食材，口感嫩滑，鲜美醇香。不要偷偷去添饭哦。

▼ 原料

鲜虾仁100克 ∣ 春笋200克
鸡蛋2个（约100克）

▼ 配料

姜丝2克 ∣ 料酒3茶匙
食用油1/2茶匙 ∣ 盐1/2茶匙
香葱碎少许

食材	热量
鲜虾仁100克	48千卡
春笋200克	50千卡
鸡蛋100克	144千卡
合计	242千卡

▼ 制作方法

1 鲜虾仁挑去虾线后洗净，控干水分，放入碗中，加入姜丝和1茶匙料酒抓匀，腌制10分钟。

2 将新鲜的春笋洗净后切薄片，用热水焯一下，控干备用。

3 鸡蛋磕入碗中，再倒入2茶匙料酒搅打均匀。

—— 烹饪要点 ——

炒鸡蛋时在蛋液中加入料酒有两大妙用：一是去腥；二是可以使炒出来的鸡蛋更加蓬松，口感更好。

4 取一炒锅，烧热后倒油，中火烧至油微热，倒入蛋液，用筷子滑散，盛出备用。

5 锅内不用重新倒油，直接放入虾仁和春笋片，翻炒至虾仁成熟。

6 把刚才炒好的鸡蛋倒回锅中，加入盐调味，撒少许香葱碎点缀即可。

盐焗虾

⏰ 30 分钟　🍴 简单

▼ 原料

鲜虾300克 | 海盐300克

▼ 配料

白酒2汤匙 | 花椒粒5克

食材	热量
鲜虾300克	271千卡
海盐300克	33千卡
合计	304千卡

—————— 烹饪要点 ——————

1 尽量选取新鲜的虾，烹饪出来的口感有韧性。

2 一定要把虾的水分吸干再进行烹饪，否则影响口感。

▼ 制作方法

1 鲜虾洗净，去虾线，加白酒和花椒粒拌匀，静置10分钟，去除部分腥味。

2 用厨房纸吸干鲜虾表层的水分待用。

3 珐琅锅加热，倒入海盐，中火炒拌7分钟，用木铲将海盐在锅内平摊。

4 随后摆入处理好的鲜虾，盖好锅盖，小火继续焗5分钟，虾身变色即可。

虾最简单的做法莫过于此了，准备多一点海盐，加热后把虾焖在里面，变红就可以出锅了，又香又嫩，原汁原味。

蒜蓉开背虾

⏱ 15 分钟　🍵 简单

虾肉比较清甜，不管怎么做，都会带给你惊艳的味道。它不仅是蛋白质很好的来源，热量也非常低，特别适合减脂健身人士经常食用。

▼ 原料

新鲜海白虾500克

▼ 配料

大蒜20～30瓣（约100克）
红椒半个（约20克）
生抽2茶匙 ▌盐半茶匙 ▌油2汤匙

食材	热量
海白虾500克	452千卡
大蒜100克	128千卡
红椒20克	4千卡
合计	584千卡

▼ 制作方法

1 用剪刀剪去虾须和虾脚，然后从虾头的中间剪到尾部，去除虾线，洗净摆盘。

2 剥好的蒜切成蒜末，红椒切成小丁，装入碗中，加盐和生抽拌匀成碗汁。

3 中火将锅烧热，加入油，待油微微冒烟时，将油倒入碗汁中，成为蒜蓉调味汁。

4 在每只虾背部的开口处，分别填满蒜蓉调味汁。

5 蒸锅内加适量清水，大火烧开后放入摆好盘的虾，大火继续蒸6分钟即可。

烹饪要点

1 开虾背时，剪到尾部即可，如果剪断了就不好看了。
2 虾的头部有根很坚硬的刺，处理时注意避免被扎伤。

丝瓜清凉降火，还有补水养颜、抗衰老的功效。这款菜品不仅清淡清香，制作起来也是非常简便的。

虾蓉酿丝瓜

⏱ 30分钟　🍲 简单

▼ 原料

嫩丝瓜1根（约150克）
新鲜海白虾（约200克）

▼ 配料

蚝油1茶匙 ┃ 生抽1茶匙 ┃ 盐少许
黑胡椒粉半茶匙

食材	热量
丝瓜150克	30千卡
海白虾200克	180千卡
蚝油5毫升	6千卡
合计	216千卡

▼ 制作方法

1 嫩丝瓜去皮，洗净，切成4厘米的段。

2 将海白虾的虾头、虾皮和虾线去掉，洗净，剁成虾蓉。

3 虾蓉装入碗中，加盐和黑胡椒粉，搅拌均匀，腌制10分钟。

4 用勺子在切好的丝瓜中间挖出一个小坑，将虾蓉装入丝瓜盅里。

5 蒸锅内加适量清水，大火烧开，放入摆好盘的虾蓉酿。

6 大火蒸5分钟，出锅，淋上蚝油和生抽调味即可。

—— 烹饪要点 ——

1 挖丝瓜盅时，另一端不要挖穿，否则夹菜时会露底。

2 虾不用剁太碎，有一些颗粒可以使口感更丰富。

杂蔬炒虾仁

⏱ 20分钟　🍲 简单

虾仁易消化好吸收，时蔬的加入能增添色彩，让人产生食欲。这道菜营养丰富，热量较低，口味清淡，咸鲜适口。

▼ 原料

虾仁300克 ▎胡萝卜30克
玉米粒30克 ▎青豆30克

▼ 配料

盐半茶匙 ▎料酒2茶匙 ▎油2汤匙

食材	热量
虾仁300克	144千卡
胡萝卜30克	10千卡
玉米粒30克	20千卡
青豆30克	119千卡
合计	293千卡

▼ 制作方法

1 虾仁去虾线，洗净，放入碗中，加入料酒腌制10分钟。

2 胡萝卜洗净，切成丁；玉米粒和青豆洗净备用。

3 大火将锅加热，加入1汤匙油，待有微弱青烟冒起，加入虾仁炒至变色，盛出备用。

4 剩下的油倒入锅中，油微热时加入胡萝卜、玉米粒和青豆，炒一两分钟至断生。

5 然后将炒好的虾仁放入锅中，继续翻炒至熟透，加盐调味，即可出锅。

——— 烹饪要点 ———

1 也可以按照自己的喜好选择时蔬。
2 虾肉比较容易熟，不用炒很久。

虾仁鲜嫩，豆腐爽滑。虾仁和豆腐都可以补充钙质，且低脂低热量。

虾仁烩豆腐

⏱ 20分钟　🍲 简单

▼ 原料

速冻虾仁100克
南豆腐1块（约360克）

▼ 配料

蚝油2汤匙 ┃ 水淀粉1汤匙 ┃ 盐2克
料酒10毫升 ┃ 黑胡椒粉2克
油适量

食材	热量
虾仁100克	48千卡
南豆腐360克	313千卡
水淀粉15毫升	10千卡
蚝油30毫升	35千卡
合计	405千卡

▼ 制作方法

1 虾仁解冻，对半切开，放入容器内，加入料酒、黑胡椒粉腌制。

2 豆腐切成2厘米左右见方的小块。

3 锅内烧沸水，将豆腐放入焯水2分钟，捞出控干水分。

—— 烹饪要点 ——

南豆腐焯水可以去掉豆腥味，没有南豆腐，换成嫩豆腐也可以。

4 炒锅内加入底油，放入虾仁炒至变色。

5 放入豆腐，加蚝油翻炒30秒，加清水100毫升，中火炖三四分钟。

6 加入水淀粉，大火收至汤汁浓稠，加盐调味即可。

香菇酿虾丸

🕐 30 分钟　🍴 简单

▼ 原料

虾仁200克 ▎香菇8朵（约150克）

▼ 配料

藕1小段（约10克）▎盐1茶匙
水淀粉少许 ▎料酒2茶匙
白胡椒粉1茶匙

食材	热量
虾仁200克	96千卡
藕10克	5千卡
香菇150克	39千卡
合计	140千卡

鲜香的味道弥漫，让人食欲大开。这道菜热量不高，还能带来丰富的蛋白质和维生素，荤素搭配，可谓一举两得。

▼ 制作方法

1 虾仁去除虾线，洗净，剁成虾蓉，放入碗中，加入料酒、白胡椒、盐腌制。

2 藕洗净，削皮，切成小丁，然后剁碎（越碎越好），放入虾蓉中，顺时针搅拌均匀。

3 香菇洗净，去柄，菌伞朝上，将腌制好的虾蓉嵌入香菇内，摆入盘中。

4 蒸锅加适量清水烧开，将香菇酿虾放入蒸锅中，大火蒸制6~8分钟。

5 取出后，盘底会有很多汤汁，倒入炒锅，中火加热。

6 将水淀粉淋入锅中，使汤汁浓稠后，再加入少许盐调味，淋到蒸好的香菇酿虾丸上即可。

—— 烹饪要点 ——

1 一点点水淀粉就可以，不需要多，起到使汤汁浓稠的作用即可。

2 藕的加入是起到提升口感的作用，没有藕也可以放入荸荠。

海鲜豆腐南瓜煲

⏱ 35分钟 | 👨‍🍳 中等

看起来就很温暖的一道汤煲，小小的砂锅中包含了鲜虾和蛤蜊的鲜味、南瓜的清甜、豆腐的滑嫩。这是一道减脂期间的黄金菜肴。

▼ 原料

南瓜500克 | 嫩豆腐100克
鲜虾60克 | 蛤蜊100克 | 火腿40克

▼ 配料

香葱2根 | 盐1/2茶匙

食材	热量
南瓜500克	115千卡
嫩豆腐100克	87千卡
鲜虾60克	51千卡
蛤蜊100克	62千卡
火腿40克	132千卡
合计	447千卡

—— 烹饪要点 ——

盐不要放太多，南瓜本身是甜的，加太多盐会影响味道。

▼ 制作方法

1 南瓜去皮，切小方块；嫩豆腐切成1.5厘米见方的小块；香葱葱白和葱绿分别切长段和碎末；火腿切黄豆大小的粒。

2 虾去头、去壳，挑去虾线后再次冲洗干净；蛤蜊吐沙后刷洗干净。

3 将南瓜块和清水放入大碗中，封上保鲜膜，蒸锅内烧水，水沸后放入南瓜蒸5分钟至南瓜软烂。

4 将南瓜和蒸南瓜的水一起倒入砂锅中，用勺子将南瓜捣碎，如果水不够可以再加一些。

5 把豆腐块倒入砂锅中，开火煮沸，要经常搅动一下以免煳锅。

6 煮沸后放入蛤蜊和葱白段，盖上盖子，小火煮2分钟。

7 蛤蜊都打开后放虾仁和盐，搅动一下，盖上锅盖，小火焖煮半分钟。

8 关火，撒上火腿粒和葱末，一道金光闪闪的海鲜豆腐南瓜煲就做好了。

清蒸巴沙鱼片

⏱ 25 分钟　　🍲 简单

▼ 原料

巴沙鱼片400克

▼ 配料

葱10克 ▎生姜10克 ▎小米辣5克
盐1/2茶匙 ▎香油1/2茶匙
蒸鱼豉油2茶匙 ▎香葱碎少许

食材	热量
巴沙鱼片400克	329千卡
合计	329千卡

细腻软嫩的巴沙鱼安静地躺在盘中，看起来像少女的肌肤，晶莹剔透、吹弹可破，上面点缀着少许小米辣，为整道菜平添生机。巴沙鱼作为经济又好吃的淡水鱼，含钙量丰富，减脂期间吃它，满足馋嘴的同时也不用担心会长肉。

▼ 制作方法

1 巴沙鱼片冲洗干净后剔除白色的筋膜，控干水分，在鱼身上撒上盐，摆在盘中备用。

2 葱、姜、小米辣洗净，姜去皮、切丝，葱切丝，小米辣切小片。

3 在鱼身上依次铺上姜丝、葱丝和小米辣片。

—— 烹饪要点 ——

鱼肉上一定要封上耐高温保鲜膜，这样可以保证最上面的一片鱼肉也是嫩的，否则一打开锅盖很容易风干，影响口感。

4 最上面淋少许香油，用耐高温保鲜膜把鱼片盖住。

5 蒸锅内烧水，水沸后放入鱼片，大火蒸7分钟，然后关火闷8分钟。

6 打开锅盖，取掉保鲜膜，淋上蒸鱼豉油，撒香葱碎点缀即可。

番茄豆腐鱼

⏱ 30 分钟　🍲 复杂

▼ 原料

龙利鱼柳200克 ┃ 豆腐100克
番茄200克 ┃ 金针菇50克

▼ 配料

蛋清20克 ┃ 白胡椒粉1/2茶匙 ┃ 盐1/2茶匙
食用油1/2茶匙 ┃ 蒜末3克 ┃ 番茄酱1汤匙
生抽1茶匙 ┃ 玉米淀粉1茶匙 ┃ 香葱碎2克

食材	热量
龙利鱼柳200克	104千卡
豆腐100克	84千卡
番茄200克	30千卡
金针菇50克	16千卡
蛋清20克	12千卡
合计	246千卡

在万物皆能包容的番茄浓汤里，味道鲜美、肉质滑嫩、蛋白质含量丰富且无刺的龙利鱼，搭配豆腐及金针菇，缔造了这道健康营养的人间美味。

▼ 制作方法

1 龙利鱼柳洗净，控干水分，切3厘米见方的块，放入蛋清、白胡椒粉和盐拌匀，腌10分钟。

2 金针菇切去老根，洗净后撕成小束；豆腐切成2厘米见方的块。

3 番茄洗净后去蒂、去皮，切小丁，放入碗中。

4 在沸水中下入豆腐，焯水1分钟捞出。

5 再放腌制好的龙利鱼块，煮至八成熟捞出。

6 另起一炒锅，锅热后倒油，放入蒜末炒香。

7 倒入番茄丁，中火煸炒出汤汁，然后加入番茄酱翻炒均匀。

8 再向锅内加入适量清水、生抽和盐，中小火慢慢熬至浓稠。

9 向锅内放入豆腐块和金针菇煮熟，再放入龙利鱼块，小火炖入味。

10 最后用玉米淀粉和水调成水淀粉，倒入汤汁里勾芡，撒香葱碎即可。

────── 烹饪要点 ──────

汤汁的酸甜度可以根据个人偏好调整，用白醋和糖控制；如果想吃辣味，可以加点黄辣椒酱，味道也不错。

芦笋龙利鱼饼

⏱ 45分钟　🍳 中等

▼ 原料

龙利鱼柳400克 ▏芦笋80克
红甜椒50克

▼ 配料

白胡椒粉1/2茶匙 ▏蛋清30克
盐1/2茶匙 ▏淀粉1/2茶匙
食用油1/2茶匙

食材	热量
龙利鱼柳400克	208千卡
芦笋80克	18千卡
红甜椒50克	9千卡
蛋清30克	18千卡
合计	253千卡

—— 烹饪要点 ——

鱼蓉一定要搅打上劲至起胶才可以，
否则煎制过程中容易散，口感也不好。

小火慢慢煎成的芦笋龙利鱼饼，是集营养与美味于一身的菜肴。龙利鱼高蛋白、低脂肪，对眼睛有很好的保健作用；芦笋是有助于减脂的高营养食材。这样咸鲜软嫩、营养美味的食物自然是人见人爱了。

▼ 制作方法

1 将龙利鱼柳洗净后剔除白色的筋膜，铺在案板上，用刀背轻轻地剁成细腻的鱼蓉。

2 鱼蓉剁好后放进干燥的盆或大碗中，往鱼蓉中加白胡椒粉、蛋清、盐和淀粉。

3 用筷子沿同一个方向搅，搅到有点起胶了就准备直接用手搅。

4 洗干净手后，按刚刚筷子搅打的方向从盆底抄起鱼蓉摔打到全部起胶，约5分钟。

5 芦笋洗净后放入沸水中，变色后捞出，用凉水冲凉。

6 将芦笋和红甜椒切成碎粒，加进鱼蓉里，按相同方向搅打10分钟。

7 手蘸水，挖起一团鱼蓉捏成圆形或拍成饼。煎锅烧热后刷薄油，把鱼饼放进去小火煎至两面金黄即可。

有些人吃鱼不会挑刺，可以选择龙利鱼。没有刺，价格又不贵，肉质比较嫩，易消化，特别适合老人和儿童。

意式香料龙利鱼

⏱ 15 分钟　🍲 简单

▼ 原料

龙利鱼500克

▼ 配料

柠檬1个（约100克）
意大利综合香料2茶匙
黑胡椒粉半茶匙 ▮ 蚝油1汤匙
盐2克 ▮ 橄榄油4茶匙

食材	热量
龙利鱼500克	335千卡
橄榄油20毫升	188千卡
柠檬100克	37千卡
意大利综合香料10克	15千卡
合计	575千卡

▼ 制作方法

1 龙利鱼解冻，用流水冲一下，用厨房用纸吸干表面水分。

2 烤盘上铺上锡纸，锡纸上刷橄榄油，将龙利鱼平铺在锡纸上。

3 将意大利综合香料、黑胡椒粉、蚝油、盐均匀涂抹在龙利鱼上，轻轻按摩，腌制30分钟以上。

—— 烹饪要点 ——

1 如果有多余的柠檬，可以在装盘的时候再淋点柠檬汁，味道会更鲜美。

2 解冻的龙利鱼如果不吸干水分会影响口感，烤制时长也会增加。

3 意大利综合香料在网上或者超市都可以买到。

4 柠檬洗净、切片，平铺在龙利鱼身上。

5 烤箱200℃预热2分钟，放入中层，烤制20分钟即可。

▼ 原料

龙利鱼1条（约400克）
番茄3个（约200克）

▼ 配料

番茄酱1汤匙 ┃ 料酒1茶匙
白糖1茶匙 ┃ 盐半茶匙
水淀粉2茶匙 ┃ 黑胡椒粉半茶匙
油1汤匙

食材	热量
龙利鱼400克	268千卡
番茄200克	30千卡
番茄酱15克	12千卡
合计	310千卡

—— 烹饪要点

用一根筷子插在番茄的底部，然后在火上烤一下，也可以起到快速去皮的作用。

番茄龙利鱼

⏱ 30分钟　🍲 简单

龙利鱼含有丰富的蛋白质，并且久煮不烂。加上番茄，汤汁浓郁酸甜。没有鱼鳞和刺，操作也非常简便。

▼ 制作方法

1 龙利鱼解冻后，用流水冲洗干净，用厨房用纸吸干表面水分。

2 将龙利鱼切成2厘米左右见方的块，放入碗中，加黑胡椒粉、料酒，腌制10分钟。

3 锅内加适量清水烧开，放入鱼肉汆烫2分钟，使鱼肉定形。

4 番茄表面划十字刀，放入沸水锅中汆烫20秒左右，捞出，去皮，切成小块备用。

5 大火将锅内水分烧干，加入油。待油微微冒白烟时，转中火，放入番茄丁翻炒。

6 将番茄炒软烂，当番茄颜色有点变淡时，加入番茄酱和白糖，继续翻炒1分钟左右。

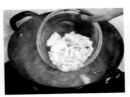

7 将500毫升温水倒入锅内烧开，然后放入龙利鱼。

8 中火炖煮5分钟左右，加入水淀粉，收汁，最后加盐调味即可。

煎龙利鱼的秘诀就是保持原汁原味。鱼肉高蛋白、久烹不老、没有杂味，还有软化血管的功效。选出最简最优的料理方式，遵循适量、少油盐、高蛋白的原则，做出来的这道减脂增肌餐，怎会令你不心动呢？

香煎龙利鱼

⏱ 30 分钟　🍲 简单

▼ 原料

速冻龙利鱼片500克

▼ 配料

黑胡椒粉1茶匙 ┃ 盐1/2茶匙
橄榄油1/2茶匙 ┃ 姜丝3克 ┃ 柠檬半个

食材	热量
龙利鱼片500克	335千卡
合计	335千卡

▼ 制作方法

1 买回的速冻龙利鱼片待其自然解冻，洗净，擦干表面水分。

2 在鱼片两面均匀涂抹黑胡椒粉和盐，轻轻按摩后腌制20分钟。

3 取一平底锅，烧热后倒入橄榄油，转小火，放入姜丝慢慢炒出香味。

—— 烹饪要点 ——

想要鱼肉更有香味，可以倒入自己喜欢的果酒，盖上锅盖焖一会儿，会有意想不到的效果哦。

4 把姜丝拨到一边，放入腌制好的龙利鱼片，轻轻晃动几下。

5 待鱼片底部发白后用木铲和筷子辅助翻面，煎至两面发白。

6 将柠檬汁挤在鱼身和锅内，盖上锅盖，焖1分钟即可盛出。

▼ 原料

鳕鱼300克 ┃ 香菇20克

▼ 配料

小米辣10克 ┃ 香葱10克
蒸鱼豉油1茶匙 ┃ 料酒1茶匙
盐1/2茶匙

食材	热量
鳕鱼300克	264千卡
香菇20克	5千卡
小米辣10克	4千卡
香葱10克	3千卡
合计	276千卡

烹饪要点

在浇味汁时，不要直接浇到鱼肉上，这样会影响鱼肉的色泽。浇在周边，既可以保证鱼肉的味道，又可以保持菜品的美观。

香菇蒸鳕鱼

⏱ 15分钟 🍲 简单

雪白的鱼肉上整齐码放着棕褐色的香菇，鲜红的小米辣和碧绿的香葱相互辉映，可谓色香味俱全。鳕鱼肉中的蛋白质含量比三文鱼高，但脂肪含量却只有三文鱼的十七分之一，被称为餐桌上的"瘦身专家"。

▼ 制作方法

1 把鳕鱼冲洗干净，放在一旁控干水分。

2 香菇去蒂，洗净后切成薄片。

3 小米辣和香葱分别洗净，切成辣椒圈和香葱碎。

4 取一小碗，放入蒸鱼豉油、料酒和盐，搅拌均匀，做成味汁。

5 把控干水分的鳕鱼放在盘子中，切好的香菇片放在鱼肉上。

6 在鱼肉周边和香菇上倒上调好的味汁。

7 蒸锅内加水，水沸后放入盘子，大火蒸6分钟后关火。

8 打开盖子，把辣椒圈和香葱碎撒在鱼肉上，再盖盖闷2分钟即可。

煮好的花甲味道比较清甜，放入油锅爆炒，汤汁满满裹在花甲上，当吸吮着一个个肥美的花甲，那种感觉不言而喻。

蒜香花甲

⏱ 15分钟　🍲 复杂

▼ 原料

花甲500克

▼ 配料

大蒜20瓣（约50克）| 蚝油1汤匙
姜2片 | 料酒1茶匙
盐半茶匙 | 干红辣椒6个
白糖1茶匙 | 油2汤匙 | 水淀粉适量

食材	热量
花甲500克	225千卡
油30毫升	270千卡
蚝油15毫升	18千卡
大蒜50克	64千卡
白糖5克	20千卡
合计	597千卡

▼ 制作方法

1 花甲放入锅中，加入适量清水，大火煮到花甲都开口，盛出沥水备用。

2 大蒜切成蒜末，干红辣椒切成段，姜切成姜丝。

3 炒锅倒油，大火加热，油温升高后，加入蒜末、姜丝、红辣椒爆香。

4 然后加入蚝油、白糖炒制成调味汁，再加入花甲，继续翻炒。

5 锅中倒入料酒，加入小半碗水翻炒均匀，盖上锅盖，大火烧三四分钟。

6 淋入水淀粉，使汤汁浓稠后加盐调味，即可盛出。

—— 烹饪要点 ——

1 买回来的花甲要提前吐沙，可在吐沙的容器里加入一些盐，促进花甲吐沙。

2 水淀粉的加入可以使汤汁浓稠，能使每一个花甲都裹上汤汁。

牡蛎烧豆腐

⏰ 20分钟　🥘 简单

▼ 原料

牡蛎300克 ▎南豆腐200克

▼ 配料

盐半茶匙 ▎水淀粉适量
姜2片 ▎浓汤宝1块（约100克）

食材	热量
牡蛎300克	219千卡
南豆腐200克	174千卡
浓汤宝100克	171千卡
合计	564千卡

烹饪要点

1 牡蛎一定要新鲜，不然会中毒。
2 要反复仔细清洗牡蛎，洗不干净
　泥沙会影响口感。
3 浓汤宝有点咸，要少加一些，不
　喜欢也可不加。

▼ 制作方法

1 牡蛎洗净泥沙备用。

2 豆腐切成小方块，放入锅中，加入清水300毫升和浓汤宝，大火烧开。

3 加入姜片和牡蛎，大火烧3分钟左右，淋上一层薄薄的水淀粉使汤汁浓郁，加盐调味即可出锅。

有"海底牛奶"美称的牡蛎，不仅味道鲜美，还有提高免疫力、滋养容颜等功效。它有很丰富的蛋白质，热量也非常低。搭配豆腐，既保持了鲜美，又增添了绵密的口感。

浇汁玉子豆腐

⏱ 20分钟　🍚 简单

玉子豆腐是用鸡蛋做的，比较滑嫩，配上浓郁的浇头和汤汁，味道鲜美，简单又营养。没有油腻感，多吃也不会有负担。

▼ 原料

玉子豆腐3根（约300克）

▼ 配料

胡萝卜30克
新鲜香菇5～7朵（约50克）
虾仁10个（约100克）
蚝油1茶匙 ▎盐半茶匙
姜2片 ▎葱半根
油2汤匙 ▎水淀粉适量

食材	热量
玉子豆腐300克	159千卡
胡萝卜30克	10千卡
香菇50克	13千卡
虾仁100克	48千卡
合计	230千卡

—— 烹饪要点 ——

1 香菇和胡萝卜的丁要切小一点，这样比较好熟。

2 玉子豆腐不吸油，所以也不会有油腻感。

▼ 制作方法

1 玉子豆腐切成1厘米左右厚的片；虾仁去除虾线，洗净，切成小丁。

2 香菇洗净，胡萝卜去皮，分别切成小丁；葱姜切成丝备用。

3 不粘锅加入油，中火加热，油微热后加入切好的玉子豆腐。

4 将豆腐煎至两面金黄，盛出备用。

5 锅内留少许底油，开中火，将葱姜爆香，加入切好的虾仁翻炒。

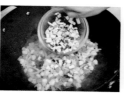

6 虾仁变色后，放入胡萝卜丁继续翻炒至变色，然后加入香菇。

7 翻炒一两分钟后，倒入清水和蚝油煮沸，加入煎好的玉子豆腐。

8 炖煮一两分钟后，加水淀粉，汤汁浓稠后加盐调味即可。

秋葵蒸水蛋

⏱ 15分钟　🍴 简单

热量低、颜值高，这道蒸蛋会让你一整天的心情都美美哒。早餐要吃好点，上午才会有精神。有些人不喜欢秋葵中的黏液。其实你有所不知，这黏液有保护胃壁的作用哦。

▼ 原料

鸡蛋4个（约200克）
秋葵3根（约30克）

食材	热量
鸡蛋200克	288千卡
秋葵30克	8千卡
合计	296千卡

▼ 制作方法

1 秋葵洗净；锅内烧开水。将秋葵放入锅中焯水20~30秒，捞出放凉。

2 将秋葵去头、去尾，横着切成1厘米左右的片。

3 鸡蛋磕入碗中打散，加入跟蛋液等量的温水，继续搅拌打散。

4 这时碗中会出现很多泡沫，用滤网过滤一下，将泡沫去除。

5 将切好的秋葵撒在蛋液上，用保鲜膜封口，并在保鲜膜上用牙签扎一些小孔。

6 蒸锅内放入适量清水，大火烧开后放入秋葵蛋液，转中火蒸10分钟即可。

—— 烹饪要点 ——

1 清洗秋葵时用一点点盐，可以揉搓掉秋葵表面的细小绒毛。

2 温水可以使蒸出的蛋羹口感嫩滑，底部不会出现很多蜂窝气孔。

3 蒸水蛋时间不宜过长，否则蛋就老了。

本人特别不喜欢生胡萝卜的味道，总觉得怪怪的。可是用一点点油来炒，胡萝卜就变成了另一种味道，还有降糖降脂的效果。

胡萝卜炒鸡蛋

⏰ 15分钟　🍵 简单

▼ 原料

胡萝卜2根（约200克）
鸡蛋2个（约100克）

▼ 配料

油2茶匙 ▎ 蚝油1茶匙 ▎ 盐少许

食材	热量
胡萝卜200克	64千卡
鸡蛋100克	144千卡
合计	208千卡

▼ 制作方法

1 胡萝卜去皮、洗净，用工具擦成丝备用。鸡蛋磕入碗中，搅匀打散。

2 中火将锅加热，放入1茶匙油，待油温微热时，加入蛋液。

3 煎至鸡蛋定形，用锅铲翻炒成小碎块，盛出备用。

4 将剩余1茶匙油倒入锅中，中火加热30秒，放入胡萝卜丝翻炒。

5 待胡萝卜丝变成深橘红色并且开始发软，加入蚝油继续翻炒一两分钟。

6 当用锅铲能轻易切断胡萝卜时，加入炒好的鸡蛋翻炒均匀，出锅前加盐调味即可。

—— 烹饪要点 ——

1 胡萝卜中的胡萝卜素是脂溶性维生素，要加油烹饪才会释放出来。

2 蚝油本身就有咸味，所以出锅前放一点点盐进行调味即可。

北非蛋

⏱ 10分钟　🍲 简单

听名字就很有异国情调！这道早餐蛋不仅颜值高，而且营养丰富，能让你一整天的心情都美美哒。

▼ 原料

番茄1个（约80克）
鸡蛋2个（约100克）
洋葱15克 ┃ 青辣椒15克

▼ 配料

油1茶匙 ┃ 盐适量 ┃ 黑胡椒粉适量

食材	热量
番茄80克	12千卡
青辣椒15克	3千卡
洋葱15克	6千卡
鸡蛋100克	144千卡
合计	165千卡

▼ 制作方法

1 将番茄、青辣椒、洋葱洗净，分别切成小丁，装盘备用。

2 不粘锅中火加热，倒入1茶匙油，继续加热30~40秒。

3 放入洋葱炒香，加入番茄丁和青辣椒丁。

—— 烹饪要点 ——

煎蛋时看个人喜好，如果喜欢全熟的蛋，焖5分钟左右就可以了。

4 炒至番茄和青辣椒变软后，用锅铲在锅边挖两个小坑，将2个鸡蛋分别磕入两个小坑中。

5 盖上锅盖，小火焖三四分钟至蛋黄凝固，撒上盐和黑胡椒粉即可。

香菇伞蒸蛋

⏰ 30分钟　🍲 简单

▼ 原料

鸡蛋4个（约200克）┃鲜香菇200克

▼ 配料

盐1/2茶匙 ┃ 香葱碎少许

食材	热量
鸡蛋200克	288千卡
鲜香菇200克	52千卡
合计	340千卡

—— 烹饪要点 ——

可以按照个人喜好往蛋液中添加培根或西蓝花等食材，
但为了减脂，还是尽量少放高热量的食材。

▼ 制作方法

1 鲜香菇洗净，挖去蒂，变成小碗状，挖下来的部分切成小丁备用。

2 鸡蛋打散，和香菇丁混合，放入少许盐调味。

3 将蛋液倒入香菇内部，与香菇齐平，上面撒上香葱碎。

4 蒸锅内烧水，水沸后放入香菇碗，中火蒸制15分钟即可。

棕褐色的香菇伞上托着淡黄色的鸡蛋，鸡蛋因为受热的缘故都膨胀起来了，一口咬下去，可以吃到弹牙的香菇和软嫩的鸡蛋。如此低卡又健康的食物当然受欢迎了。

CHAPTER 3

营养主食

清凉夏日里，能吃到一碗有内涵的面真是幸福满满，也给燥热的自己带来一丝清凉。荞麦本身还有降血糖的功效，也是一种很好的保健食品。

凉拌鸡丝荞麦面

⏱ 20分钟　🍲 简单

▼ 原料

鸡胸肉200克 ▎荞麦挂面300克

▼ 配料

黄瓜1根（约80克）▎大葱1根
生抽5汤匙 ▎油3汤匙 ▎姜3片

食材	热量
黄瓜80克	12千卡
鸡肉200克	266千卡
荞麦面300克	989千卡
合计	1267千卡

—— 烹饪要点

可以多放入一些蔬菜和鸡肉，主食少一点，便是完美的一餐。

▼ 制作方法

1 鸡胸肉洗净，放入锅中，加适量清水、姜片、葱段，中火煮熟，捞出备用。

2 将煮好的鸡胸肉放凉后，按照鸡肉的纹理撕成细丝。

3 黄瓜洗净，切成丝；大葱的中后段（带点绿色的部分）切成葱丝。

4 水烧开后，放入荞麦挂面煮熟，捞出过凉水，沥水备用。

5 将荞麦面和鸡胸肉放入容器内拌匀。

6 加入黄瓜丝和生抽拌匀。

7 锅内加入油，开中火，待油微热时放入葱丝，炸成葱油。

8 将葱油淋入拌好的面中即可。

咖喱南瓜西葫芦面

🕐 25 分钟　　🍲 中等

以西葫芦为主料，搭配养胃润肠的南瓜，辅以咖喱增味。咖喱可促进新陈代谢，有助于燃脂。整道菜热量很低，满足了每一个在减脂路上想吃好还不要高热量的小胖子的要求。

▼ 原料

西葫芦400克 ┃ 小南瓜80克

▼ 配料

蒜片5克 ┃ 咖喱粉2茶匙
橄榄油1茶匙 ┃ 盐1/2茶匙
香菜末少许

食材	热量
西葫芦400克	76千卡
小南瓜80克	8千卡
蒜片5克	6千卡
咖喱粉10克	34千卡
合计	134千卡

▼ 制作方法

1 南瓜洗净后带皮切块，放入微波炉大火转熟。

2 西葫芦洗净后用擦丝器擦成粗丝，尽量擦得长一些。

3 烧一锅水，水沸后放入西葫芦丝煮熟，熟后马上捞出过凉。

4 取一炒锅，烧热后放一点橄榄油，用手在锅上方试一下温度，觉得热了就离火，放入蒜片和咖喱粉，慢慢炒香。

5 等咖喱粉充分炒香之后，把南瓜放入锅内，重新上火翻炒，再放入西葫芦丝，翻动让南瓜糊包裹在西葫芦丝上。

6 开小火继续慢慢翻动，放入盐调味拌匀，关火装盘，撒少许香菜末点缀即可。

—— 烹饪要点 ——

1 南瓜最好用烤箱或微波炉制熟，煮或蒸会有水，加上西葫芦也会出水，南瓜糊就不容易挂在西葫芦丝上。

2 炒咖喱粉最好离火炒，不然很容易煳。

总有匆匆忙忙忘记买菜的时候，翻开冰箱，仅剩一些做菜剩余的材料，扔了又很可惜，那就来一次华丽变身吧。

大杂烩热汤面

⏱ 30分钟　　🍳 简单

▼ 原料

猪里脊肉200克 ▏挂面250克

▼ 配料

胡萝卜1根（约80克）
新鲜香菇6朵（约60克）
番茄2个（约180克）
青笋半根（约80克）
盐1茶匙 ▏蚝油1汤匙 ▏油3汤匙

食材	热量
猪里脊肉200克	310千卡
番茄180克	27千卡
胡萝卜80克	26千卡
青笋80克	12千卡
香菇60克	16千卡
挂面250克	883千卡
合计	1274千卡

▼ 制作方法

1 将猪肉、番茄、香菇、胡萝卜、青笋分别洗净，切成丁备用。

2 锅里放油，大火烧热后放入猪肉丁翻炒至变色，加入胡萝卜、香菇、青笋一起翻炒至断生，待炒出香味后盛出。

3 开中火重新起锅，放入一些底油，油微热后加入番茄丁，炒成酱状。

4 在番茄酱中加入适量清水炖煮，再把刚才炒好的肉丁、胡萝卜、香菇、青笋放入锅中。

5 待水开后放入面条煮制，待面条煮好后加入蚝油和盐调味，即可出锅。

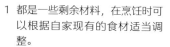

———— 烹饪要点 ————

1 都是一些剩余材料，在烹饪时可以根据自家现有的食材适当调整。

2 这里用的是普通挂面，也可以换成粗粮面。

三丝荞麦面

⏱ 20 分钟　🍲 简单

荞麦对高血压、高血脂、高血糖有一定的调节作用，特别适合老年人食用。

▼ 原料

荞麦挂面100克 ┃ 白萝卜50克
黄瓜50克 ┃ 绿豆芽40克

▼ 配料

蒜4瓣 ┃ 醋3茶匙 ┃ 生抽3茶匙
白糖1茶匙

食材	热量
荞麦挂面100克	330千卡
白萝卜50克	8千卡
绿豆芽40克	6千卡
黄瓜50克	8千卡
合计	352千卡

▼ 制作方法

1 白萝卜和黄瓜洗净、切丝；绿豆芽洗净，控水备用。

2 大蒜挤压成蒜泥，加入醋、生抽、白糖，调成调料汁待用。

3 锅内加入适量清水，水烧开后放入荞麦挂面煮熟，然后放入清水碗里过凉，捞出。

4 将荞麦面放入一空碗内，加入切好的配料，淋上调料汁，搅拌均匀即可。

— 烹饪要点 —

可以适量添加一些虾仁或者鸡蛋，这样营养会更丰富。

意面其实有很多种吃法，不一定只能配番茄酱。做点果酱放入，也是很健康的一种搭配。

虾仁牛油果酱拌意面

⏱ 20 分钟　🍴 简单

▼ 原料

意面150克 ▎牛油果1个（约100克）

▼ 配料

虾仁8个（约100克）▎盐1茶匙
黑胡椒粉1茶匙 ▎蒜瓣4个
油2茶匙 ▎牛奶3汤匙

食材	热量
意面150克	527千卡
牛油果100克	161千卡
虾仁100克	48千卡
合计	736千卡

▼ 制作方法

1 沸水锅内加入一点盐调味，放入意面煮制8～10分钟，煮好后沥水备用。

2 在煮意面的同时，将牛油果取出果肉，放入料理机中，加入牛奶打成果浆。

3 大蒜切成蒜片；不粘锅中小火加热，放入油。

4 油微热后，放入切好的蒜片炒香，再放入虾仁炒至变色。

5 将做好的牛油果浆放入锅内翻炒，翻炒成汤汁浓稠状态。

6 把煮好的意面倒入锅中搅拌均匀，加入盐和黑胡椒粉调味即可。

—— 烹饪要点 ——

煮面的时候放一点盐，口感更佳。

▼ 原料

乌冬面300克 ▏牛肉100克

▼ 配料

洋葱50克 ▏红甜椒30克 ▏蒜片5克
橄榄油1/2茶匙 ▏蚝油1/2茶匙
老抽1/2茶匙 ▏盐1/2茶匙 ▏香葱碎少许

食材	热量
乌冬面300克	377千卡
牛肉100克	106千卡
洋葱50克	20千卡
红甜椒30克	5千卡
蒜片5克	6千卡
合计	514千卡

—— 烹饪要点 ——

如果时间充裕，可以提前腌制一下牛肉，使牛肉更入味。腌制方法是用盐、生抽、老抽和啤酒腌8分钟。牛肉与啤酒的比例是5∶1。这样做出来的肉不但不老，而且别有清香。

牛肉乌冬面

⏱ 15分钟　🍲 简单

大片的牛肉被乌冬面缠绕在碗里，混合着洋葱和甜椒，还有阵阵蒜香，十分诱人。牛肉是高蛋白低脂肪的健康肉类，有助于增肌减脂。这道面是健身期间可以常吃的减脂主食。

▼ 制作方法

1 乌冬面在沸水中汆烫30秒，捞出过冷水，放一旁控干水分。

2 牛肉洗净后切片；红甜椒洗净后去子，切成与乌冬面粗细差不多的丝；洋葱切丝。

3 取一炒锅，烧热后放入橄榄油，油微热后放入洋葱丝和蒜片煸炒出香味。

4 放入牛肉片，中火翻炒至牛肉变色。

5 加入蚝油调味，再加少许老抽提色，翻炒至牛肉裹满酱汁。

6 倒入乌冬面，用筷子迅速滑散，倒入30毫升温水，盖上锅盖，转小火焖30秒。

7 打开锅盖，轻轻翻炒至面条裹满牛肉酱汁。

8 最后加入红甜椒丝和盐，翻炒均匀，即可出锅装盘，撒少许香葱碎点缀即可。

秋季南瓜成熟，此时的南瓜香甜可口，而且膳食纤维含量多，是一种应季又健康的食材。

金黄南瓜饼

⏱ 30分钟　🍲 简单

▼ 原料

南瓜200克 ┃ 面粉100克
鸡蛋2个（约100克）

▼ 配料

盐1茶匙 ┃ 十三香1茶匙
葱花适量 ┃ 油适量

食材	热量
南瓜200克	46千卡
面粉100克	181千卡
鸡蛋100克	144千卡
合计	371千卡

▼ 制作方法

1 南瓜洗净，去皮，切片，再切成半厘米左右的细丝，然后加入十三香和盐搅拌均匀。

2 当南瓜丝变软后，加入鸡蛋、面粉、葱花和适量水，使南瓜丝变成凝固状态。

3 电饼铛加热，刷上适量底油，取适量南瓜丝放在电饼铛上，摊平定形。

4 当南瓜饼定形后，翻面煎另一面。当两面煎成金黄色，就可以盛出了。

--- 烹饪要点 ---

可以借助擦丝器将南瓜擦成丝。

全麦紫薯饼

⏱ 40分钟　　🍳 中等

▼ 原料

紫薯200克 | 全麦面粉50克

▼ 配料

牛奶4汤匙 | 白芝麻适量

食材	热量
紫薯200克	212千卡
全麦面粉50克	176千卡
合计	388千卡

健身减脂的过程中会有一个平台期。这时候特别想吃主食，又担心热量太高，吃完会有负罪感。怎么办？做点健康的小饼，助你平稳度过平台期。

▼ 制作方法

1 紫薯洗净，去皮，切成片状，放入蒸锅中蒸8～10分钟至熟。

2 将蒸熟的紫薯放入容器内，碾成紫薯泥。

3 在紫薯泥中加入全麦面粉，分多次加入适量的牛奶，和成面团。

—— 烹饪要点 ——
牛奶可以采用脱脂牛奶，热量更低，有利于减脂。

4 揪出大小均等的剂子，滚成圆形，再放入白芝麻里滚上一层白芝麻。

5 将做好的紫薯球按压成饼状。

6 不粘锅小火加热，放入紫薯饼，盖上锅盖，两面各煎8～10分钟即可。

现代人越来越偏爱吃粗粮，比如玉米面，它既保留了玉米原有的营养，又更容易消化吸收，还有降血脂等食疗功效。

奶香玉米饼

🕐 30分钟　🍲 简单

▼ 原料

细玉米面200克
鸡蛋2个（约100克）
奶粉150克 ▎牛奶200毫升

▼ 配料

酵母粉5克 ▎油1汤匙

食材	热量
玉米面200克	700千卡
鸡蛋100克	144千卡
奶粉150克	717千卡
牛奶200毫升	108千卡
合计	1669千卡

▼ 制作方法

1 袋装牛奶在热水中浸泡至微热，倒入碗中，放入酵母粉搅拌均匀。

2 把细玉米面、鸡蛋、奶粉放入大碗中，加入调好酵母的牛奶，搅拌成面糊，呈拉丝状。

3 盖上盖子，在常温下饧发10分钟左右，至面团里出现一些小气泡就可以了。

4 中小火将不粘锅加热，放入油，舀一勺面糊放入锅内，推开成面饼。

5 待面饼底部定形后，翻面煎另一面。当两面金黄、中间酥软即可出锅。

--- 烹饪要点 ---

1 面饼的厚度为一两厘米。
2 如果没有奶粉，可以加适量白糖。
3 牛奶不要太热，温热即可，太热会把酵母的活性菌烫死。

零油香蕉松饼

⏱ 20分钟　🍲 简单

▼ **原料**

香蕉1根（约150克）▎面粉100克

▼ **配料**

盐少许
鸡蛋2个（100克）
牛奶90毫升

食材	热量
香蕉150克	140千卡
面粉100克	362千卡
鸡蛋100克	144千卡
牛奶90毫升	49千卡
合计	695千卡

提到松饼，首先想到是软绵绵的、甜甜的。普通的松饼吃完以后怕长胖，爱美的女孩子怎么办呢？试试这款改良版本，满足一下想吃的欲望吧。

▼ **制作方法**

1 香蕉去皮，切块，放入料理机中，加入牛奶和鸡蛋打成浆，倒入碗中。

2 在制作好的浆液中分别多次加入面粉，搅拌均匀后，然后加入少许盐调味。

3 不粘锅加热，倒入一勺搅拌好的面糊。

4 当面糊定形后，翻面煎另一面，至两面金黄即可。

—— 烹饪要点 ——

1 面糊一定要调制成跟酸奶的浓稠度差不多，太稀不成形，太干不松软。
2 香蕉要选择熟透的，比较生的香蕉会有涩味。
3 面粉过筛后再加入口感会更好，搅拌时不要画圈，不然会出筋。

一到下午就会肚子空空，感觉血糖在一直往下掉。吃点香脆的小饼干，给无聊的下午增加一点乐趣。

脆香饼

⏰ 30分钟　　🍵 简单

▼ 原料

面粉180克
鸡蛋2个（约100克）

▼ 配料

盐1茶匙

食材	热量
面粉180克	652千卡
鸡蛋100克	144千卡
合计	796千卡

▼ 制作方法

1 面粉内加入盐、鸡蛋和适量清水，和成面团。

2 盖上盖子，饧发10分钟左右；面板上撒上薄面，将面团取出揉搓排气。

3 用擀面杖将面团擀成半厘米左右厚度的薄饼，用图案模具按压出形状。

4 电饼铛中小火加热，将制作好的饼坯放入锅中，煎成两面金黄即可。

———— 烹饪要点 ————

1 没有图案模具的可以用小瓶盖代替，或者用刀裁切成3~5厘米的小方块。
2 可适量添加一些香葱和芝麻，味道会更好。

土豆鸡蛋饼

⏱ 20 分钟　🍲 简单

土豆里含有很多淀粉，能给人体带来能量。作为早餐，可以支持你一上午的工作和学习。只有早餐吃得好，工作效率才会高。

▼ 原料

土豆1个（约100克）
鸡蛋2个（约100克）｜面粉80克

▼ 配料

盐1茶匙｜黑芝麻少许｜油适量

食材	热量
土豆100克	81千卡
鸡蛋100克	144千卡
面粉80克	290千卡
合计	515千卡

▼ 制作方法

1 土豆去皮、洗净，用工具擦成细丝，清水浸泡备用。

2 面粉放入一个大一点的容器内，磕入鸡蛋，把切好的土豆丝沥水放入面粉中。

3 加入适量清水，搅拌成糊状，加盐和黑芝麻调味。

4 不粘锅内放入油，小火加热，将适量土豆面糊倒入锅内。

5 待底部定形后，翻面煎另一面，当两面都摊成金黄色就可以了。

—— 烹饪要点 ——

土豆泡水是为了防止其氧化变色。

没有想到酸奶也能做饼吧？你不妨照着下面的步骤学一学。既保留了酸奶的味道，又有饼的香甜，味道很特别。

酸奶饼

⏰ 20分钟　　🍲 简单

▼ 原料

酸奶150克 ▏面粉120克

▼ 配料

鸡蛋2个（约100克）

食材	热量
酸奶150克	108千卡
面粉120克	434千卡
鸡蛋约100克	144千卡
合计	686千卡

▼ 制作方法

1 酸奶放入容器内，磕入鸡蛋，面粉过筛后筛入其中，搅拌成糊状。

2 不粘锅小火加热，舀一勺面糊放入锅中，自然形成圆形。

3 盖上锅盖，半分钟后开盖翻面。再盖上盖子煎另一面，待两面都煎成金黄色即可。

—— 烹饪要点 ——

凝固型的酸奶比较浓稠，搅拌面糊的时候有点干，可以加少许水稀释。

蔬菜鸡蛋饼

⏱ 5分钟　　🍲 简单

▼ 原料

面粉50克 ┃ 鸡蛋2个（约100克）
胡萝卜半根（约80克） ┃ 小白菜100克

▼ 配料

油2茶匙

食材	热量
面粉50克	181千卡
小白菜100克	17千卡
胡萝卜80克	26千卡
鸡蛋100克	144千卡
合计	**368千卡**

—————— 烹饪要点 ——————

1 面糊不要调制得太稀，否则水分太多不容易定形。舀
　起面糊能流淌下来即可。
2 最好放入叶多的绿叶菜。

▼ 制作方法

1 胡萝卜和小白菜
分别洗净，切成碎末
备用。

2 面粉放入大点的容器
内，放入胡萝卜碎、小
白菜碎，磕入鸡蛋，然
后加适量水搅拌成糊状。

3 不粘锅中火加热，放
入油，舀一勺面糊放入
锅内，摊平。

4 待底部定形后，翻
面煎另一面。当两面变
成金黄色，面饼就摊
好了。

早晨懒得做复杂的料理，可又不知道吃点什么。那就做一款便捷的
蔬菜鸡蛋饼吧，不仅制作时间短，而且有营养、味道好。

圆圆的、金黄色的豆腐饼整整齐齐地摆在盘子里，咬一口，外酥里嫩，带来一整天的好心情。豆腐加上鸡蛋、虾皮和蔬菜，营养成分更加丰富。可以提前一晚把所有食材弄好，第二天早上用几分钟的时间煎一下，就可以享受美味了。

杂菜豆腐饼

⏱ 25分钟　　🍵 简单

▼ 原料

北豆腐300克
鸡蛋1个（约50克）
胡萝卜80克 ▏茼蒿50克

▼ 配料

面粉50克 ▏虾皮20克
盐1/2茶匙 ▏食用油1/2茶匙

食材	热量
北豆腐300克	348千卡
鸡蛋50克	72千卡
胡萝卜80克	26千卡
茼蒿50克	12千卡
面粉50克	181千卡
虾皮20克	31千卡
合计	670千卡

▼ 制作方法

—— 烹饪要点 ——

杂菜豆腐饼里加的东西都很随意，可以选择自己喜欢的青菜和肉类。

1 将胡萝卜和茼蒿洗净，沥干后剁碎；北豆腐冲洗一下，擦去表面水分，放入大碗中，用手抓碎。

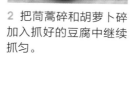

2 把茼蒿碎和胡萝卜碎加入抓好的豆腐中继续抓匀。

3 再磕入鸡蛋，放入面粉和虾皮抓匀，根据情况加入盐，因为虾皮本身就是咸的。

4 取一把杂菜豆腐，先揉成团，再压成饼的形状，放在干净的盘子上备用。

5 取煎锅，锅烧热后加入适量油，轻轻放入杂菜豆腐饼，缓慢推动旋转。

6 小火慢煎至一面完全定形，再翻面煎另一面，直至两面金黄就可以了。

韩式泡菜海鲜饼

⏱ 5分钟　🍲 简单

总吃一种口味的食物不免有点乏味，来点异国风味给生活增添点趣味。口感不同，也会带来新鲜的感觉。

▼ 原料

泡菜150克 ┃ 面粉150克
鱿鱼100克 ┃ 蛤蜊肉100克

▼ 配料

油1汤匙 ┃ 香葱100克 ┃ 洋葱15克

食材	热量
泡菜150克	40千卡
面粉150克	543千卡
鱿鱼100克	75千卡
香葱100克	27千卡
洋葱15克	6千卡
合计	691千卡

▼ 制作方法

1 鱿鱼洗净，切成小片；蛤蜊肉洗净泥沙；香葱切成段；洋葱切小丁；泡菜切小段。

2 将面粉倒入盆中，加入适量清水，顺时针搅拌成糊状。

3 然后把蛤蜊肉、鱿鱼、香葱、洋葱丁、泡菜全部放入面糊中，搅拌均匀。

4 不粘锅刷油，中小火加热，盛一小勺面糊放入锅中煎制。

—— 烹饪要点 ——

煎的时候要用中小火，大火容易煳锅。

5 当面饼定形后，翻面煎另一面，至两面煎成金黄色即可。

虾仁蛋饼

⏰ 30 分钟　🍲 中等

黄灿灿的鸡蛋和爽滑弹牙的虾仁，再加上新鲜的蔬菜，就诞生了这道虾仁蛋饼。鸡蛋富含维生素、矿物质和蛋白质，虾仁富含能够保护心血管系统的镁元素。荤素搭配出的这道菜营养均衡、口感鲜嫩蓬松，吃起来既健康又过瘾。

▼ 原料

虾仁100克 ∣ 鸡蛋3个（约150克）
土豆150克 ∣ 胡萝卜50克
西蓝花70克

▼ 配料

橄榄油1/2茶匙 ∣ 盐1/2茶匙 ∣ 黑胡椒粉1/2茶匙

食材	热量
虾仁100克	48千卡
鸡蛋150克	216千卡
土豆150克	122千卡
胡萝卜50克	16千卡
西蓝花70克	25千卡
合计	427千卡

—— 烹饪要点 ——

虾仁可以整个放进去，也可以切成小块后放进去，切小块比较容易翻面。

▼ 制作方法

1 胡萝卜、土豆洗净后削皮，切成5毫米的厚片，放入蒸锅内蒸熟。

2 将西蓝花洗净后切小朵，入沸水中焯熟，捞出后过凉水，控干水分。

3 虾仁用清水冲洗一下，挑去虾线，再次冲洗后控干水分备用。

4 煎锅内倒入少许橄榄油，放入虾仁，小火煎熟盛出。

5 鸡蛋在碗中打散，放入胡萝卜片、土豆片、西蓝花、虾仁混合均匀，加入盐和黑胡椒粉再次搅匀。

6 煎锅烧热后倒入橄榄油，调小火，留一小部分蛋液，将其余蛋液倒入锅中，轻轻晃动煎锅使蛋液平铺在锅内。

7 待蛋饼成形后，轻轻转动蛋饼并翻面，翘起蛋饼的两边，将剩余蛋液倒入蛋饼下面，轻轻晃动直至表面金黄。

8 如果拿不准是否成熟，可以多翻几次，最后盛出，切角即可享用。

全素玉米卷饼

⏱ 20 分钟　　🍲 简单

合理的素食能有效降低体内胆固醇，提高代谢，并且让肠胃得到适当的休息。玉米作为营养丰富的粗粮品种，是吃素者的好选择。

▼ 原料

玉米面70克 ┃ 高筋面粉20克

▼ 配料

盐1/2茶匙 ┃ 橄榄油1茶匙
黑胡椒粉少许 ┃ 葱花适量

食材	热量
玉米面70克	239千卡
高筋面粉20克	69千卡
合计	308千卡

▼ 制作方法

1 玉米面、高筋面粉加入清水搅拌成糊状。

2 加入盐，葱花，搅拌均匀。

3 平底锅刷上一层橄榄油。

4 摊上一勺玉米糊，小火煎至两面金黄。

5 卷成筒状装入盘中，吃得时候撒上少许黑胡椒粉调味即可。

—————— 烹饪要点 ——————

玉米糊可以根据自己的喜好，增减清水量。喜欢吃软和的可以多加一些清水，但一定要形成糊状。

黑芝麻火腿鸡蛋饼

⏱ **30 分钟**　　🍲 **简单**

▼ 原料

高筋面粉50克 ｜ 鸡蛋1个（约50克）
火腿肠半根（约35克）

▼ 配料

黑芝麻10克 ｜ 橄榄油1茶匙 ｜ 盐1/2茶匙 ｜ 葱末少许

食材	热量
高筋面粉50克	174千卡
鸡蛋50克	72千卡
火腿肠35克	74千卡
合计	320千卡

—— 烹饪要点 ——

饼皮煎得薄一些，可根据喜好卷上一些爱吃的蔬菜，比
如胡萝卜丝、彩椒丝、圆白菜丝等，当做卷饼来吃。

▼ 制作方法

1 鸡蛋打成蛋液，和适
量清水混合，搅拌均匀；
火腿切成薄片。

2 将蛋液和进面粉中，
搅拌成糊状。

3 面糊中加入火腿片、
盐、黑芝麻、葱末，最
后加入橄榄油搅拌均匀。

4 平底锅加热，倒入面
糊均匀摊开，煎至两面
变色有香味即可。

除了鸡蛋中含有的蛋白质，黑芝麻也能满足补充蛋白质的需求，并
且带来香脆的口感。我们还可以卷上蔬菜瓜果食用，在健康饱腹的
同时，还摄入了全面且没有被破坏的维生素。

鸡蛋玉米饼

⏱ 20分钟　🍲 简单

▼ 原料

玉米粉50克 | 高筋面粉25克
鸡蛋1个（约50克）| 玉米粒30克

▼ 配料

橄榄油1茶匙 | 酵母2克 | 盐2克

食材	热量
玉米粉50克	171千卡
高筋面粉25克	87千卡
鸡蛋50克	72千卡
玉米粒30克	32千卡
合计	362千卡

玉米粉作为粗粮，和面粉调和食用，能保证营养摄入的均衡，而玉米粒所特有的香气，也让口感更丰富，味道更清香。

▼ 制作方法

1 酵母用少许30℃左右的温水化开。

2 鸡蛋磕入碗中，加入盐，打散成蛋液。

3 将面粉、玉米粉、玉米粒混合，加入酵母水、鸡蛋液，搅拌均匀。

4 加适当清水调和浓稠度，以面糊可以缓慢流动为准。

5 加入橄榄油，搅拌均匀。

6 平底锅烧热，将面糊均匀摊开，小火煎至金黄有香味。

7 将饼翻面煎至两面焦香即可。

—— 烹饪要点 ——

面糊中加入橄榄油后，在煎饼的时候不需要再放油。

土豆富含膳食纤维和维生素，能提供全面的营养和帮助体内排毒。通过合理的烹饪方式，不但能满足身体所需的能量，而且热量很低。添加一些黑胡椒粉摊成面饼，吃起来香脆可口，风味十足。

黑椒土豆饼

⏱ 30分钟　🍲 简单

▼ 原料

土豆1个（约200克）
鸡蛋1个（约50克）
脱脂牛奶60毫升 ▎糯米粉30克

▼ 配料

盐1/2茶匙 ▎黑胡椒粉3克
橄榄油1茶匙
葱花少许

食材	热量
土豆200克	152千卡
鸡蛋50克	72千卡
脱脂牛奶60毫升	23千卡
糯米粉30克	104千卡
合计	351千卡

▼ 制作方法

1 土豆洗净，削皮，切成小块，上锅蒸熟至软烂。

2 土豆放凉后用勺子或者料理机打成泥，加入葱花搅拌均匀。

3 容器内打入鸡蛋，加入脱脂牛奶、盐、黑胡椒粉、橄榄油快速打散至均匀。

4 把蛋液慢慢添加到土豆泥中，边加边搅拌，使其均匀地形成糊糊的状态。

5 加入糯米粉，慢慢添加，根据浓稠度来调整，搅拌均匀，最后形成黏稠、可以流动状态的面糊。

6 平底锅烧热，倒入一勺面糊，小火煎至两面金黄焦香即可。

—— 烹饪要点 ——

1 可以添加自己喜好的调料，比如五香粉、辣椒粉之类的。

2 面糊中加入了少许橄榄油，可以防止粘锅，在煎饼的时候不需要再放油。

▼ **原料**

面粉300克 ┃ 南瓜60克 ┃ 牛奶120毫升

▼ **配料**

盐1茶匙 ┃ 酵母粉4克 ┃ 油2茶匙

食材	热量
面粉300克	1086千卡
南瓜60克	14千卡
牛奶120毫升	65千卡
合计	1165千卡

—————— 烹饪要点 ——————

1 当面团发酵到原来的两倍大，并且面团里有很多气泡产生，面就发好了。

2 摆放花卷前可以在笼屉里抹点油，防止出锅后花卷和笼屉粘连。

南瓜花卷

⏰ 40分钟　　☕ 中等

平时做的花卷都是白色的，这次我们加入南瓜，成品就会变成艳丽的黄色，味道也会香甜软糯。

▼ **制作方法**

1 南瓜洗净，去皮，放入蒸锅中蒸熟。

2 把蒸熟的南瓜放入料理机，加入牛奶打成浆，盛出，加入酵母粉拌匀。

3 在南瓜泥中加入面粉，揉成面团，盖上保鲜膜，发酵到两倍大。

4 取出面团，撒上一层薄面，按揉面团两三分钟使面团排气。

5 将揉好的面团擀成长方形，厚四五毫米，在面片表面淋上油，抹匀，撒上盐。

6 将面片两边向中间对折，再对折，成一个细的长方形。

7 将面切成3厘米左右的剂子，用筷子放到剂子中间压到底。抽出筷子，捏住剂子两边，拉长后扭转对折成花卷坯。

8 蒸锅里放入适量水，放入花卷坯，在蒸笼里醒发15分钟。然后开大火蒸12分钟即可。

鸡胸肉是健身人群摄取蛋白质和磷脂的主要膳食来源，热量低、肉质细腻，易被人体吸收，搭配种类丰富的蔬菜，满足了人体对维生素的需求，在饱腹的同时，均衡了营养。

玉米鸡胸肉卷

🕐 30 分钟　　🍲 简单

▼ 原料

墨西哥薄饼5张（约250克）
鸡胸肉50克 ▌酸奶50克
生菜叶3片（约50克）
红黄彩椒50克 ▌番茄1个（约150克）
洋葱1/6个（约30克）

▼ 配料

盐1/2茶匙

食材	热量
墨西哥薄饼250克	745千卡
鸡胸肉50克	84千卡
酸奶50克	36千卡
生菜叶50克	8千卡
红黄彩椒50克	10千卡
番茄150克	29千卡
洋葱30克	12千卡
合计	924千卡

▼ 制作方法

1 墨西哥薄饼解冻，上大火蒸1分钟至软。

2 将蒸好的薄饼放入平底锅，小火煎至单面上色，盛出备用。

3 鸡胸肉去皮，放入滚水中，撒入盐，煮熟后捞出，沥干水分，晾凉。

4 鸡胸肉撕成条，裹上酸奶拌匀。

5 番茄洗净、切丁，洋葱去皮、切丁，红黄彩椒洗净、切条，生菜洗净，撕成小片。

6 将加工好的食材分别卷入5张墨西哥薄饼中，即可食用。

—— 烹饪要点 ——

墨西哥薄饼可以在网上购买，也可以用简单的面饼代替。

海苔山药卷

⏱ 30 分钟　　🍴 简单

▼ 原料

大张海苔1张（约3克）
铁棍山药250克 ┃ 胡萝卜50克

▼ 配料

榨菜10克 ┃ 盐3克

食材	热量
海苔3克	5千卡
铁棍山药250克	138千卡
胡萝卜50克	13千卡
合计	156千卡

山药饱腹感强，热量却极低，所搭配的胡萝卜没有经过二次加工，最大限度地保留了维生素等天然营养成分。而山药的粉糯搭配胡萝卜的脆爽，也让口感更为丰富。

▼ 制作方法

1 铁棍山药洗净后，切成段，用大火蒸熟。

2 胡萝卜和榨菜洗净后切成小丁。

3 蒸熟后的山药，剥皮，压成泥。

4 加入胡萝卜丁、榨菜丁和盐，搅拌均匀。

5 海苔摊开，将山药馅均匀铺一层，用力压实，卷成卷，切成小段即可。

烹饪要点

1 山药蒸熟之后再剥皮比较方便，也不会手痒。
2 榨菜可以从超市购买成品。
3 卷的时候，海苔两侧留一些空隙，以免山药被挤出来。用力卷紧，以免切段的时候散开。
4 胡萝卜和榨菜可以用其他喜欢的蔬菜瓜果替代。

想吃鸡肉卷，又怕快餐店里的热量高，那就自己动手做一个。卷上鸡肉和爱吃的蔬菜，配上钟爱的水果和牛奶，简直完美！

鸡胸肉吐司卷

⏱ 20 分钟　　🍵 简单

▼ 原料

鸡胸肉200克
切片面包4片（约200克）

▼ 配料

生菜2片 ▌番茄半个
黑胡椒粉半茶匙 ▌蚝油2茶匙
油1茶匙

食材	热量
面包片200克	568千卡
鸡胸肉200克	266千卡
合计	834千卡

▼ 制作方法

1 鸡胸肉洗净，横着片成1厘米左右厚度的片。

2 将鸡肉放入容器中，加入黑胡椒粉、蚝油，腌10分钟待用。

3 将面包片用擀面杖擀成紧实的薄片，番茄切成片待用。

4 中火将不粘锅加热，加入油，放入鸡肉，煎成两面金黄盛出。

5 在保鲜膜上铺一片面包片，放上鸡肉、生菜、番茄，再盖上一片面包片。

6 压紧后卷起，即可食用。

—— 烹饪要点 ——

1 用刀背在切好的鸡肉上敲打几下，会使鸡肉口感更软嫩。

2 面包片一定要压实，否则卷起来时表面会开裂。

刀切黑米馒头

⏱ 40 分钟　🍚 中等

▼ 原料

黑米面200克 ▎白面100克

▼ 配料

酵母粉2克

总做白馒头，感觉好没趣。适量加一些"染色剂"，为生活增添一些乐趣。

食材	热量
黑米面200克	601千卡
白面100克	362千卡
合计	963千卡

▼ 制作方法

1 酵母粉用温水化开备用。

2 黑米面和白面放入盆中，加酵母水和适量清水，和成光滑的面团。

3 在和好面的盆上封上保鲜膜，等待面团发酵。

4 当面团发酵成原来的2倍大，并且有均匀气孔产生，面团就发酵好了。

5 将面团放在面板上，反复揉搓10分钟左右排气。

6 把面团搓成长条，切成大小均匀的剂子，放入笼屉中，盖上盖子醒发10分钟。

7 蒸锅中加入适量水，大火蒸15分钟，然后关火闷3分钟即可。

—— 烹饪要点 ——

和面的时候加入一些奶粉和糖，就变成了奶香味馒头，家里有小朋友的可以试一下。

对，你没看错，馒头会变身。变成不一样的馒头，还会拉丝呢。

香脆馒头

⏱ 10分钟　🍲 简单

▼ 原料

馒头1个（约60克）

▼ 配料

鸡蛋2个（约100克）
奶酪碎20克 ┃ 火腿片4片
盐适量 ┃ 黄油适量

食材	热量
馒头60克	134千卡
鸡蛋100克	144千卡
奶酪20克	66千卡
合计	344千卡

▼ 制作方法

1 黄油隔水融化待用；馒头切成十字花刀，不要切断；火腿切成丁备用。

2 在切好的馒头上，每个面都涂上适量黄油，然后填塞入火腿丁和奶酪碎。

3 鸡蛋打散，用刷子在馒头的表面刷上蛋液，放入烤箱中层。

4 烤箱150℃烤制15分钟，取出后撒上一点盐即可。

—— 烹饪要点 ——

如果想进一步控制热量，可以选择低脂的奶酪，黄油也可以换成橄榄油。

高纤杂粮饭

⏱ **20 分钟**　　🍲 简单

▼ 原料

大米100克 ｜ 糙米100克
黑米100克 ｜ 燕麦米100克

食材	热量
大米100克	346千卡
糙米100克	348千卡
黑米100克	341千卡
燕麦米100克	377千卡
合计	**1412千卡**

烹饪要点

煮饭前可将米提前浸泡1.5小时左右，这样焖出来口感会更好。

▼ 制作方法

1 将四种米混合，用清水洗净。

2 将四种米放入电饭煲中，加入超过生米3厘米左右的清水。

3 盖上盖子，按下煮饭键，等待米饭煮熟即可。

杂粮能带来多种营养元素，还能带来饱腹感，特别适于减脂时期食用。但是脾胃不好的人不建议经常食用。

129

胡萝卜香菇糙米饭

⏱ **20 分钟**　🍚 **简单**

▼ 原料

糙米400克

▼ 配料

胡萝卜1根（约100克）┃香菇8朵（约80克）

食材	热量
糙米400克	1392千卡
胡萝卜100克	32千卡
香菇80克	21千卡
合计	1445千卡

—— 烹饪要点 ——

糙米质地比较硬，煮饭前提前泡一晚，蒸出来后才会软糯。

▼ 制作方法

1 糙米洗净，放入电饭煲中，加入适量清水备用。

2 胡萝卜、香菇分别洗净，切成小丁备用。

3 把切好的蔬菜丁加入糙米中，搅拌均匀。

4 按照电饭煲的刻度要求加入适量清水，按下煮饭键就可以了。

糙米的营养价值远胜白米，胡萝卜和香菇的加入，使单调的糙米平添了一份色彩和香气。

超模藜麦饭

⏱ 20 分钟　🍲 简单

▼ 原料

藜麦50克

▼ 配料

胡萝卜20克 ▎芦笋20克
香菇20克
沙拉汁（芝麻口味）2汤匙

食材	热量
藜麦50克	184千卡
香菇20克	5千卡
胡萝卜20克	6千卡
芦笋20克	4千卡
合计	199千卡

好多超模都会选择藜麦作为主食，热量低还有丰富的营养物质，也容易给人饱腹感，是一种非常棒的主食。

▼ 制作方法

1　藜麦放入锅中，加入清水，至没过藜麦2厘米，中火煮10分钟左右，待水分全部收干。

2　胡萝卜、香菇和芦笋洗净，焯水至断生后，捞出沥干，切成小丁。

3　把所有的食材放入大容器内，淋上沙拉汁拌匀即可。

——— 烹饪要点

可以放入一些坚果，使口感更加丰富，也增加更多的营养。

鸡腿本身的热量不高，再配合一些蔬菜，一顿营养均衡的减脂健康餐就搞定了。

蒜香鸡腿饭

⏱ 30分钟　🍲 简单

▼ 原料

去骨鸡腿肉2个（约400克）
米饭2碗（约300克）｜西蓝花200克

▼ 配料

蒜10瓣（约15克）｜盐半茶匙
蚝油1汤匙　｜生抽2茶匙
蜂蜜3茶匙　｜油2茶匙

食材	热量
去骨鸡腿400克	724千卡
西蓝花200克	72千卡
米饭300克	348千卡
合计	1144千卡

▼ 制作方法

1 大蒜切成蒜末，放入鸡腿中，再放入盐，腌制20分钟。

2 蚝油、生抽和蜂蜜放入碗中，调成调味汁。

3 小火加热不粘锅，放入油，待油微热后，将鸡腿鸡皮朝下放入锅中。

4 待鸡腿肉两面煎成金黄色，放入调好的调味汁。

5 搅拌均匀后，转中火，倒入适量清水，炖煮四五分钟。

6 开大火，将汤汁收浓稠，盛出后切好，盖在米饭上，再淋上一些汤汁。

7 西蓝花洗净，焯水，捞出沥干，配在鸡腿饭上即可。

—— 烹饪要点 ——

鸡腿过夜腌制会更加入味，也可以多腌制一些，然后冻起来，备下一次使用。

排骨焖饭

⏰ 60分钟　🍵 中等

米饭吸饱了汤汁，米粒变得晶莹剔透且肉香浓郁，让你大快朵颐。

▼ 原料

大米250克 ｜ 猪肋骨200克
胡萝卜1根（约70克）
香菇5朵（约50克）

▼ 配料

油3茶匙 ｜ 生抽2茶匙 ｜ 老抽1茶匙
白糖1茶匙 ｜ 葱白1段 ｜ 姜3片
八角1个 ｜ 桂皮1小块 ｜ 香叶2片

食材	热量
猪肋骨200克	528千卡
大米250克	865千卡
胡萝卜70克	22千卡
香菇50克	13千卡
合计	1428千卡

▼ 制作方法

1 排骨洗净，放入冷水锅中煮开，去浮沫后捞出备用。

2 胡萝卜去皮、洗净，切成菱形块；香菇去蒂，对半切开备用。

3 锅内倒油，中火加热，油微热后，放入排骨煎至金黄。

── 烹饪要点 ──

1 换锅焖饭时要把桂皮、香叶等辅料捞出。

2 炖排骨时加入温水可使肉质更易软烂。

4 倒入适量温水，放入生抽、老抽、白糖、八角、桂皮、香叶，葱白和姜片，炖煮20分钟。

5 大米洗净，放入电饭煲中，放入胡萝卜和香菇。

6 将排骨均匀码在上面，按焖饭所需的水量，倒入炖排骨的汤汁，按下煮饭键，煮熟后拌匀即可。

西班牙的海鲜焖饭十分出名。按照下面的做法，我们不必去西班牙，在家里也能吃到西班牙海鲜焖饭，虽然是家常版本，但味道一点也不差。

海鲜焖饭

⏱ 30 分钟　🍲 中等

▼ 原料

大米400克 ┃ 基围虾10只（约200克）
鱿鱼1只（约80克）┃ 花蛤150克

▼ 配料

番茄1个（约80克）
洋葱半个（约15克）
黑胡椒粉1茶匙 ┃ 盐1茶匙
油2茶匙 ┃ 咖喱粉2茶匙

食材	热量
大米400克	1384千卡
基围虾200克	202千卡
鱿鱼80克	60千卡
花蛤150克	68千卡
合计	1714千卡

▼ 制作方法

1 大米提前洗净；洋葱和番茄分别洗净，切成小丁；鱿鱼切成圈，焯水盛出。

2 大火将锅烧热，加入油，油微热后加入洋葱丁炒香，加入番茄翻炒出汤汁。

3 将大米倒入锅中，放入咖喱粉，搅拌均匀。

4 倒入超过米层的水量2厘米炖煮10分钟左右。

5 待汤汁慢慢收干时，码入虾、鱿鱼和蛤蜊，继续炖煮10分钟左右，待米饭熟透。

6 在煮好的海鲜饭上撒上黑胡椒粉和盐调味即可。

—— 烹饪要点 ——

1 如果用高汤炖煮米饭，味道会更香甜。

2 煮饭时要不时翻动一下，避免煳锅。

3 喜欢软糯口感的米饭，可以适量加一些糯米。

华丽蛋炒饭

⏱ 20分钟　🍲 简单

家里时不常地会有一点剩饭，扔了可惜，那就添加点蔬菜，让剩米饭来个华丽的变身吧。

▼ 原料

剩米饭200克 ▎豌豆粒80克
玉米粒100克 ▎胡萝卜50克
虾仁100克 ▎鸡蛋2个（约100克）

▼ 配料

蚝油2茶匙 ▎生抽1汤匙
黑胡椒粉半茶匙 ▎油1汤匙 ▎香葱5克

食材	热量
米饭200克	232千卡
胡萝卜50克	16千卡
玉米100克	112千卡
豌豆80克	89千卡
虾仁100克	48千卡
鸡蛋100克	144千卡
合计	641千卡

▼ 制作方法

1 鸡蛋磕入碗中打散；胡萝卜、虾仁洗净，切成小丁；米饭放入碗中，打成松散状。

2 中火加热不粘锅，放入油，油微热后放入鸡蛋，搅拌打散，使鸡蛋形成小颗粒状盛出。

3 再次起锅，加入油，放入虾仁炒到虾仁变色，然后放入胡萝卜、玉米粒和豌豆。

4 当胡萝卜、玉米粒和豌豆断生后，放入米饭和鸡蛋，翻炒松散。

5 加入生抽、蚝油，快速翻炒均匀，撒上香葱和黑胡椒粉调匀，即可出锅。

烹饪要点

剩的米饭炒出来才会有松散的状态。

135

这道蛋炒饭米粒润泽莹亮，紫菜鲜香柔软。紫菜富含碘元素，可以预防缺碘性甲状腺肿大。减脂期也要适当吃米饭，特别是这道名副其实的健康主食。

紫菜蛋炒饭

⏱ 10 分钟　🍳 简单

▼ 原料

隔夜米饭400克

▼ 配料

紫菜10克 ┃ 鸡蛋1个（约50克）
青椒30克 ┃ 食用油1/2茶匙
盐1/2茶匙 ┃ 花椒粉1/2茶匙
香葱碎少许

食材	热量
米饭400克	464千卡
紫菜10克	25千卡
鸡蛋50克	72千卡
青椒30克	7千卡
合计	568千卡

▼ 制作方法

1 往隔夜饭中倒入适量清水，把米饭拨散备用。

2 鸡蛋磕入碗中打散；紫菜撕成小片；青椒洗净后去瓤、去子，切丁。

3 锅中倒油，油微热后倒入鸡蛋，调中小火，用筷子快速搅散，不要炒到全熟，盛出。

4 向锅内放入米饭，中火翻炒1分钟，然后放入青椒，翻炒几下。

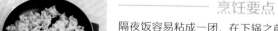
———— 烹饪要点 ————

隔夜饭容易粘成一团，在下锅之前先加少许水把它拨散，这样米饭会变软，在炒的时候不容易手忙脚乱。

5 等青椒丁变色之后放入紫菜片和鸡蛋，小火翻炒至所有食材混合均匀。

鲜虾鸡肉饺

⏱ 20～30分钟　🍲 简单

北方人特别爱吃饺子，觉得饭和菜都在一起做起来特别省时省力。而对于减脂期的你，则可以选择这款低脂又鲜嫩的饺子，满足食欲的同时又不怕长胖。

▼ 原料

新鲜鸡胸肉500克 ▎新鲜虾仁500克
新鲜香菇七八朵（约50克）
鸡蛋1个（约50克）

▼ 配料

饺子皮适量 ▎生抽2茶匙
料酒2茶匙 ▎油30毫升
蚝油2茶匙 ▎盐半汤匙
黑胡椒粉2克 ▎十三香2克 ▎姜粉2克

食材	热量
鸡胸肉500克	665千卡
虾仁500克	240千卡
香菇50克	13千卡
鸡蛋50克	72千卡
合计	990千卡

▼ 制作方法

1 新鲜鸡肉洗净，去除表面筋膜，剁成肉末。

2 虾仁开背，去除虾线，洗净，剁碎。

3 香菇洗净，去蒂，伞面朝上，以"井"字形状切成小丁。

4 将鸡肉、虾肉、香菇混合，加入蚝油、料酒、生抽、盐、黑胡椒粉、十三香、姜粉、鸡蛋液、油，顺时针搅拌均匀。

5 将饺子皮平铺在掌心，取适量饺子馅放在中间，将饺子皮对折捏实，两边的饺子皮往中间堆叠几个褶捏实。

6 锅内加入足量清水，水开后放入饺子，大火煮四五分钟至饺子浮起，即可捞出盛盘。

—— 烹饪要点 ——

1 虾仁一定要去虾线，不然会有土腥味。

2 清洗香菇时，可适当加一点面粉，面粉能吸附走香菇里的杂质。

137

三明治是西方早餐中较为普遍的食物，作为早餐或者下午茶都很不错。做起来也很便捷，还可以拿出作便当食用。

缤纷开放三明治

⏱ 10 分钟　🍲 简单

▼ 原料

白切片面包3片（约200克）
火腿午餐肉4片（约150克）

▼ 配料

鸡蛋2个（约100克）
生菜叶4片（约15克）
番茄半个（约40克）
番茄酱3茶匙 ▍油1茶匙

食材	热量
白切片面包200克	568千卡
火腿午餐肉150克	344千卡
鸡蛋100克	144千卡
合计	1056千卡

▼ 制作方法

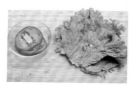

1 生菜洗净，控干水分；番茄洗净，切成片状备用。

2 不粘锅加热，加入油，磕入鸡蛋，小火将鸡蛋煎熟备用。

3 在盘子里放入一片面包片，涂上番茄酱，依次放上生菜、番茄片、火腿肉和鸡蛋。

4 盖上另一片面包片，再按照第3步骤依次叠加食材，然后盖上最后一片面包。

5 压住做好的三明治，用刀沿对角线切开成三角形状就可以了。

--- 烹饪要点 ---

如果喜欢吃口感酥脆的面包片，可以将面包片在无油的不粘锅中小火加热到两面焦黄即可。

牛油果三明治

⏱ 20分钟　🍳 简单

减脂瘦身是许多女性朋友的追求。日常饮食中控制油脂的摄入，再加上一定的训练，身材会变得越来越好。

▼ 原料

白切片面包3片（约150克）
鸡胸肉100克
牛油果1个（约80克）

▼ 配料

熟鸡蛋1个（约50克）
沙拉酱2茶匙
番茄4片（约20克）

食材	热量
白切片面包150克	426千卡
鸡蛋50克	72千卡
牛油果80克	129千卡
鸡胸肉100克	133千卡
合计	760千卡

▼ 制作方法

1 鸡胸肉用白水煮熟，捞出，晾凉后撕成细丝备用。

2 牛油果去除果核，取出果肉，放入碗中捣成果泥。

3 熟鸡蛋剥壳，切碎，放入牛油果的果泥中拌匀。

4 取一片面包，涂上搅拌好的果泥，再依次放上鸡肉丝、沙拉酱和番茄，盖上一片面包。

5 重复第4步，盖上最后一片面包。压住三明治，沿对角线切开就可以了。

烹饪要点

如果觉得沙拉酱有些腻口，可以在牛油果泥中加入少许盐和青柠汁来调节口味。

小餐包可以作为下午茶或者早餐食用，热量不会很高，适合减脂期的你拿来解馋。

全麦餐包

⏱ 60分钟　🍲 简单

▼ 原料

全麦粉50克 ｜ 高筋面粉50克

▼ 配料

黄油20克 ｜ 酵母粉2克
盐半茶匙 ｜ 果糖1茶匙

食材	热量
全麦粉50克	176千卡
高筋面粉50克	179千卡
黄油20克	178千卡
合计	533千卡

▼ 制作方法

1 酵母粉放入适量的温水中，搅拌成酵母水；黄油隔水融化。

2 将盐、果糖、全麦粉、高筋面粉混合，加入酵母水和黄油，和成光滑的面团，封上保鲜膜，饧发30分钟左右。

3 将面团均等分成两份，然后制成圆形的面坯，松弛10分钟。

4 烤箱180℃预热2分钟，将面坯入中层烤制15分钟左右，至表面金黄即可。

--- 烹饪要点 ---

1 烤制时可以在面坯表面刷一层蛋液，烤好后颜色会更漂亮。
2 把面团放在比较温暖的地方，这样可以加快发酵速度。

▼ 原料

大虾5个（约100克）
海苔5片（约3克）
玉米粒50克 | 大米50克
即食燕麦20克

▼ 配料

寿司醋1茶匙 | 盐1/2茶匙
熟黑芝麻10克

食材	热量
大虾100克	93千卡
海苔3克	6千卡
玉米粒50克	53千卡
大米50克	196千卡
即食燕麦20克	73千卡
合计	421千卡

海苔虾仁燕麦饭团

⏱ 50分钟 🍵 简单

当你掌握了饭团的制作方法后，你会发现，饭团不但简单好上手，而且可以根据自己的喜好随意搭配，比如搭配粗粮、鱼肉等，不但饱腹，还是完美的低热量食品。

▼ 制作方法

1 玉米粒混合大米洗净后，用电饭煲煮熟。

2 待米饭凉透后，拌入燕麦、黑芝麻、寿司醋、盐，混合均匀。

3 大虾洗净、剥出虾仁，剔除虾线。

4 锅内清水烧开，放入剥好的虾仁煮熟。

5 取适量米饭铺在保鲜膜上，裹入一个完整的虾仁，捏成团。

6 把饭团从保鲜膜中取出，外层包一片海苔，依次将材料做完即可。

—— 烹饪要点 ——

1 购买已经炒熟的黑芝麻更为方便。

2 根据自己的口味，把盐替换成白砂糖也可以。

3 饭团一定要用力捏紧，以免散开。

鸡胸糙米时蔬饭团

🕐 80 分钟　🍚 简单

糙米比精米更容易让人产生饱腹感，可以在无形之中控制饭量；鸡胸肉是公认的减脂食材，辅之补充维生素的菠菜，让人边吃边瘦。

▼ 原料

糙米200克 ▎ 鸡胸肉200克 ▎ 菠菜100克

▼ 配料

鸡蛋50克 ▎ 红甜椒30克 ▎ 酸黄瓜20克
生抽1/2茶匙 ▎ 黑胡椒粉1/2茶匙
香油1/2茶匙 ▎ 盐1/2茶匙 ▎ 熟白芝麻少许

食材	热量
糙米200克	696千卡
鸡胸肉200克	266千卡
菠菜100克	28千卡
鸡蛋50克	72千卡
红甜椒30克	5千卡
酸黄瓜20克	5千卡
合计	1072千卡

▼ 制作方法

1 糙米提前泡一夜，第二天淘洗干净后蒸熟，放凉后拌入香油和盐备用，这一步是防止米饭粘连并增加味道。

2 鸡胸肉洗净后擦干水分，顺着纹理切成细长条，再切成1厘米见方的丁，放入生抽和黑胡椒粉，抓匀后腌10分钟。

3 将鸡蛋打散，放一点清水和盐；烧热煎锅，放少许香油，小火煎成薄蛋饼，放凉后切碎。

4 接着把鸡胸肉放入煎锅，小火慢慢煎至金黄，盛出后晾凉备用。

5 菠菜择洗净，烧一锅开水，放入菠菜，翻搅几下捞出，过凉水，挤干水分后切碎备用。

6 将红甜椒和酸黄瓜洗净，控干水分后，分别切成红甜椒丁（黄豆大小）和酸黄瓜碎。

7 所有食材晾凉后，放在一个大碗里充分搅拌均匀，尝尝味道，不够咸再放些盐。

8 最后，戴上手套抓一把混合好的食材捏成圆团就可以了，也可以撒些芝麻装饰。

烹饪要点

做饭团的油是香油而不是普通的植物油，因为饭团的加工和储藏环境都是低温的，香油比其他植物油或动物油的凝固点都要低，低温环境下不容易凝固，可以最大限度保证饭团的口感。

操作简便易上手的主食，让厨艺零基础的你也会爱上做饭。

大虾饭团

⏱ 10分钟　🍲 中等

▼ 原料

大虾5只（约150克）| 热米饭500克

▼ 配料

盐半茶匙 | 海苔碎30克 | 寿司醋2汤匙

食材	热量
米饭500克	580千卡
大虾150克	119千卡
合计	699千卡

—————— 烹饪要点 ——————

如果能露出一小节虾尾会更好看。

▼ 制作方法

1 大虾去除虾壳、虾头和虾线，放入水中煮熟，捞出备用。

2 将热米饭放入大碗中，加入盐、海苔碎和寿司醋，拌匀备用。

3 取适量米饭摊平，放一只虾在中间。

4 再取适量米饭盖住虾体，将米饭滚圆即可。

红豆燕麦粥

⏱ 60 分钟　🍲 中等

▼ 原料

燕麦（扁状）100克 | 红豆50克 | 大米50克

食材	热量
燕麦扁状100克	402千卡
红豆50克	162千卡
大米50克	173千卡
合计	737千卡

——— 烹饪要点 ———

如果时间来不及，可以用高压锅炖煮。

▼ 制作方法

1 将三种主料混合，提前用清水泡半小时。

2 将三种主料放入锅中，按照水与米5：1的比例加入清水。

3 大火煮开后，转中小火煮20～30分钟即可。

给自己心爱的人煲一款暖暖的粥，让他感受到你温柔。燕麦中的营养成分对改善血液循环和缓解压力都有一定的作用，是上班族和老年人经常食用的佳品。

CHAPTER 4
健康小食

七彩越南卷

⏱ 25分钟　🍲 简单

春卷皮可以把各种自己喜欢的蔬果任意搭配包裹起来，光是摆在盘子里，心情都会变好。

▼ 原料

越南春卷皮20克 ┃ 彩色甜椒40克
生菜80克 ┃ 草莓40克 ┃ 猕猴桃50克

▼ 配料

新鲜小芒果200克 ┃ 花生酱2汤匙
盐1/2茶匙 ┃ 柠檬30克 ┃ 蒜5克
蚝油1汤匙

食材	热量
越南春卷皮20克	67千卡
彩色甜椒40克	7千卡
生菜80克	10千卡
草莓40克	13千卡
猕猴桃50克	30千卡
新鲜小芒果200克	70千卡
花生酱30克	180千卡
合计	377千卡

▼ 制作方法

1 所有的蔬菜水果洗净后控干水分，再切成适合包入春卷的形状备用。

2 制作芒果蘸酱：芒果去皮、去核，混合辅料中的其他材料一起放进料理机打碎成糊，放进冰箱冷藏。

3 取一个干净的比春卷皮略大的盘子，擦干水分后倒入烧开晾凉的温水，取一片春卷皮，浸入温水中约5秒。

4 取出春卷皮，平铺在案板上，铺一层保鲜膜，把切好的蔬菜水果码放在春卷皮上。

5 放好食材后，将春卷皮像卷寿司一样卷起一半，然后将左右两头折进去，卷完剩余部分，最后取出蘸着芒果酱就可以吃了。

—— 烹饪要点 ——

1 制作春卷时要保持所有食材和器具的洁净，最好戴上手套制作。

2 卷好的春卷不要挨着放，会粘在一起；也不要在空气中放置太久，容易风干变硬。

▼ 原料

即食燕麦100克
鸡蛋3个（约150克）
低筋面粉30克

▼ 配料

火腿100克 ┃ 生菜250克
橄榄油1/2茶匙 ┃ 盐1茶匙

食材	热量
即食燕麦100克	338千卡
鸡蛋液150克	216千卡
低筋面粉30克	96千卡
火腿100克	330千卡
生菜250克	30千卡
合计	1010千卡

—— 烹饪要点 ——

如果燕麦糊太稠，可以加一点牛奶或
热水，这样卷的时候不容易干裂。

燕麦蛋卷

⏰ 25分钟　🍲 中等

金黄色的蛋皮、翠绿的生菜和粉嫩的火腿，卷得
整整齐齐，让人看一眼就忘不掉。燕麦可以降低
胆固醇、降糖、减脂、补钙这么高颜值又健康的
食物，当然更受减脂人士的喜爱了。

▼ 制作方法

1 将即食燕麦放入一个
干净的大碗中，一次性
加入300毫升开水，让
其吸饱水分。

2 燕麦片充分吸水后，
继续向碗中加入打散的
蛋液、低筋面粉、盐，
充分搅匀后静置5分钟。

3 火腿撕去包装后切成
长条或丝，生菜洗净后
控干水分备用。

4 取煎锅，锅热后刷
一层橄榄油，转小火，
倒入适量燕麦糊，立即
均匀摊开形成薄薄的一
层，燕麦糊比较黏稠，
最好用锅铲铺平。

5 观察到燕麦饼的表面开
始凝固时，将其翻过来，
煎至两面金黄后取出。

6 将燕麦饼铺在干净的
案板上，放上适量火腿
和生菜。

7 用卷寿司的方法将蛋
卷卷紧，静置一会儿，
使其充分黏合。

8 刀洗净后蘸热水，将
燕麦卷切成2厘米长的
段，装盘即可。

这是一道能打动女孩子的甜品，不仅有美美的外观，热量也很低。草莓和蓝莓本身就是大家都很喜欢的水果，加上口感软嫩、细腻的内酯豆腐，这么健康又颜值爆表的低卡甜品，完全可以取代冰激凌。

双莓豆腐松糕杯

⏱ 15 分钟　🍲 简单

▼ 原料

内酯豆腐300克 ┃ 草莓100克
蓝莓30克

▼ 配料

果酱50克 ┃ 薄荷叶1片

食材	热量
内酯豆腐300克	150千卡
草莓100克	32千卡
蓝莓30克	17千卡
果酱50克	52千卡
合计	251千卡

▼ 制作方法

1 将内酯豆腐冲洗后控水，放在厨房纸上，否则放入容器内会出水。

2 把草莓和蓝莓洗净，控干水分后将草莓一切为二或一切为四。

3 把控干水分的豆腐放入食品级塑料袋中捏成糊状，不用倒出。

4 将玻璃杯洗净后擦干，在装有内酯豆腐糊的塑料袋下角剪一个缺口，把豆腐糊挤入玻璃杯中。

5 一层豆腐一层果酱，一层豆腐一层水果，按照个人的喜好摆放，顶部是水果。

6 最后放上薄荷叶装饰就完成了。

—— 烹饪要点 ——

内酯豆腐可以和牛奶、酸奶、奶粉混合打成糊，这样味道会更好一些，如果怕热量高也可以直接吃，味道也是不错的；夏天放到冰箱冷藏，完胜冰激凌。

鱼蓉燕麦饼干

⏱ 50分钟　🍲 中等

喜欢吃饼干的有福啦！呈上简便快捷的海鲜口味饼干的烤制方法，不用担心，没有海鲜的腥味，只觉得香酥可口，自己做的给宝宝吃都很放心。

▼ 原料

金枪鱼罐头150克 ▮ 普通面粉60克
全麦面粉20克 ▮ 即食燕麦片45克

▼ 配料

小苏打1/2茶匙 ▮ 细砂糖25克
融化黄油50克 ▮ 蜂蜜2汤匙

食材	热量
金枪鱼罐头150克	280千卡
普通面粉60克	210千卡
全麦面粉20克	71千卡
即食麦片45克	143千卡
细砂糖25克	90千卡
合计	794千卡

▼ 制作方法

1 金枪鱼罐头取出，沥干汤汁，捣成蓉。

2 将即食燕麦片、细砂糖、金枪鱼蓉放入大碗中。

3 将普通面粉、全麦面粉、小苏打混合，过筛到即食燕麦片中，翻拌均匀成干性食材。

4 将化黄油和蜂蜜混合，搅拌均匀，把干性食材倒入黄油蜂蜜混合液中，拌匀成饼干面糊。

5 取适量饼干面糊，先搓成球形再压扁，放在烤盘上，整理完成后推进预热好的烤箱中层，上下火180℃烘烤20分钟。

—— 烹饪要点

金枪鱼泥的汤汁要沥干，才能保证饼干面糊松散偏干，烤出来的口感更酥脆。

金枪鱼小酥饼

⏱ 35分钟　🍲 复杂

▼ 原料

土豆250克 ▎金枪鱼100克 ▎胡萝卜50克
鸡蛋1个（约50克）

▼ 配料

即食燕麦片20克 ▎橄榄油1茶匙 ▎咖喱粉1/2茶匙
蚝油1/2茶匙 ▎黑胡椒粉1/2茶匙 ▎盐1/2茶匙
芒果50克 ▎柠檬汁1茶匙 ▎泰式辣酱1茶匙
香菜碎5克

食材	热量
土豆250克	203千卡
金枪鱼100克	99千卡
胡萝卜50克	16千卡
鸡蛋50克	72千卡
即食燕麦片20克	68千卡
芒果50克	18千卡
泰式辣酱5克	10千卡
合计	486千卡

这是一道具有浓郁泰国风味的主食小饼，咖喱和甜辣酱都是泰式风味中不可或缺的调味料。金枪鱼高蛋白低脂肪，是瘦身佳品；用燕麦代替精制面粉，小火慢煎代替油炸，更加低脂低热量。整道菜饱腹感强，又好吃。

▼ 制作方法

1 土豆切大块，放入已沸腾的蒸锅，蒸10分钟，然后关火闷5分钟。

2 将金枪鱼挤干水分，胡萝卜洗净后刨成短短的细丝。

3 土豆蒸好后取出剥皮，用叉子压成土豆泥，然后加一颗鸡蛋在里面，搅拌均匀。

4 向土豆泥中加金枪鱼、胡萝卜丝和部分即食燕麦片，再加咖喱粉、蚝油、黑胡椒粉和盐。

5 然后将混合好的土豆泥捏成小饼，两面裹上一层薄薄的燕麦片。

6 取一不粘锅，烧热后倒入橄榄油，将小饼煎至两面金黄后盛出。

7 将芒果肉切碎后放入碗中，混合柠檬汁、泰式辣酱和盐，搅拌均匀后撒上香菜碎。

8 用煎好的金枪鱼饼，蘸着芒果甜辣酱吃，很有泰国风味。

烹饪要点

没有燕麦片，也可以换成面包，放进微波炉高温加热3分钟，取出后擀碎，做成面包糠，味道也很好。

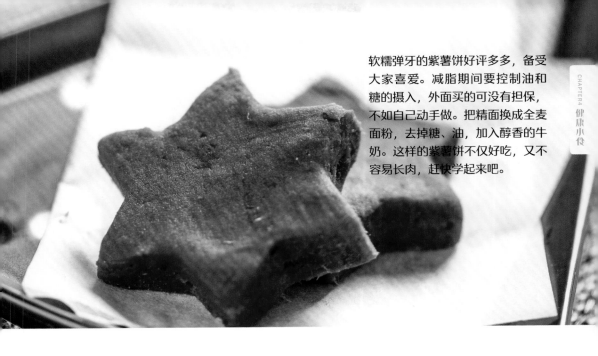

软糯弹牙的紫薯饼好评多多，备受大家喜爱。减脂期间要控制油和糖的摄入，外面买的可没有担保，不如自己动手做。把精面换成全麦面粉，去掉糖、油，加入醇香的牛奶。这样的紫薯饼不仅好吃，又不容易长肉，赶快学起来吧。

全麦紫薯饼

⏱ 35 分钟　🍲 简单

▼ 原料

紫薯200克
全麦面粉约100克（视紫薯的干燥情况调整用量）

▼ 配料

牛奶适量（视紫薯的干燥情况调整用量）

食材	热量
紫薯200克	212千卡
全麦面粉100克	352千卡
合计	564千卡

—— 烹饪要点 ——

紫薯饼压好后也可以煎着吃，但为了减脂，最好还是选择蒸着吃，而且蒸出来的口感比油煎的好很多哦。

▼ 制作方法

1 紫薯洗净后蒸熟，去皮，用叉子或勺子压成紫薯泥。

2 加入全麦面粉搅拌成团，最好是有一点点干、不粘手，如果太干不成团，可加少许水或牛奶。

3 分成适当大小的剂子，搓圆，压成饼，或用模具压成卡通形象，放在蒸屉上，蒸屉上可铺粽叶或油纸防止粘连。

4 直接冷水上锅，蒸15分钟即可，可以直接用电磁炉蒸，放凉后再吃，口感会更加弹牙。

燕麦能量棒

⏱ 30分钟　　🍵 简单

早上来不及做早餐，可以啃一块燕麦能量棒；也可以在运动后吃一块补充能量。平日闲暇时做一点以备不时之需吧！

▼ 原料

即食燕麦200克 ┃ 红糖50克

食材	热量
即食燕麦片200克	676千卡
红糖50克	195千卡
合计	871千卡

▼ 制作方法

1 不粘锅小火加热，放入即食燕麦片，炒两三分钟，炒出香味备用。

2 用小锅把红糖和纯净水加热，熬制成糖浆。

3 把燕麦片放入容器内，把熬好的糖浆倒入麦片中搅拌均匀。

4 将拌好的燕麦片放入方形的烤盘中压实，放入冰箱中冷藏3小时。

5 将烤盘取出，脱模，然后切成小方块即可。

—— 烹饪要点 ——

1 加入一些坚果碎或者葡萄干、蔓越莓等，口感会更好。

2 玻璃饭盒也可以代替烤盘，但是一定要压实。

3 吃不了的可以放入密封袋中保存，注意防潮。

香脆香菇干

⏱ 30 分钟　🍲 简单

▼ 原料

香菇500克

▼ 配料

五香粉1茶匙 ┃ 孜然粉2茶匙
盐1茶匙 ┃ 橄榄油1汤匙

食材	热量
香菇500克	130千卡
橄榄油15毫升	135千卡
合计	265千卡

烹饪要点

香菇有一定的水分，也可以放到烤架上烘烤。

▼ 制作方法

1 香菇洗净，切成1厘米左右的条。

2 将切好的香菇条放入碗中，加入橄榄油、五香粉、孜然粉和盐，搅拌均匀。

3 烤盘铺上一层锡纸，把香菇平铺到烤盘上。

4 烤箱调成200℃预热，将烤盘放入中层，烤制20分钟左右即可。

香菇具有一种特别的香味，不仅脂肪低还能提高免疫力。最近特别流行的吃法就是做香菇脆，但是做法多样，这里先教你做烤箱版的。

紫薯山药糕

⏱ 30 分钟　🍲 简单

▼ 原料

铁棍山药200克 ┃ 紫薯200克

▼ 配料

蜂蜜2汤匙 ┃ 橄榄油2茶匙

食材	热量
山药200克	114千卡
紫薯200克	212千卡
合计	326千卡

烹饪要点

山药泥和紫薯泥最好用细筛过一下，这样可以保证没有颗粒，口感也更绵密。

▼ 制作方法

1 山药、紫薯分别洗净，去皮，切成小块，上锅大火蒸10分钟，筷子能扎透就可以了。

2 将山药和紫薯装入碗中，分别碾成泥状。

3 在山药泥和紫薯泥中分别加入等量的蜂蜜和橄榄油拌匀。

4 取适量山药泥和紫薯泥放入月饼模具中压实，然后脱模放入盘中即可。

白色和紫色的搭配感觉特别清新，家里的老人和小朋友也会很喜欢。这道点心健康低脂，操作起来也很方便。

只需冷藏，就能做出好吃的小甜品。软绵绵的，还非常可爱。

椰蓉小方

⏱ 60 分钟　🍲 简单

▼ 原料

全脂牛奶1盒（约230毫升）▎玉米淀粉30克
绵白糖20克 ▎椰蓉100克

食材	热量
牛奶230毫升	124千卡
玉米淀粉30克	104千卡
绵白糖20克	79千卡
椰蓉100克	519千卡
合计	826千卡

烹饪要点

1 一定要放到冷藏室保存，不是冷冻室。
2 熬制到很浓稠才可以，不然冷藏后不易定形。

▼ 制作方法

1 将牛奶、淀粉、白糖放入奶锅中搅拌至化开。

2 开小火，将其不断搅拌加热到浓稠状态。

3 等熬到非常浓稠的状态后，取出，放到油纸上包裹，压成方形，放入冷藏室冷藏1小时。

4 冷藏后取出，切成小方块，再裹满椰蓉，即可装盘。

火腿肠作为配料，能极大地丰富菜式的口感和视觉色彩。利用烤箱可以减少烹饪中油类的使用量，得到焦香酥脆的口感。黑芝麻作为点缀，不但提高了土豆泥小饼的颜值，而且补充了更为丰富的营养。

土豆泥小饼

⏱ 40分钟　　🍲 简单

▼ 原料

土豆1个（约200克）｜ 火腿肠25克
黑芝麻10克

▼ 配料

橄榄油1汤匙 ｜ 盐1/2茶匙
黑胡椒粉少许 ｜ 葱花少许

食材	热量
土豆200克	152千卡
火腿肠25克	53千卡
黑芝麻10克	56千卡
合计	261千卡

▼ 制作方法

1　土豆削皮切块，火腿肠切成碎末。

2　土豆上火锅蒸熟，捣成泥，加入火腿肠末、盐、葱花、黑胡椒粉搅拌均匀。

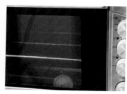

3　烤箱180℃预热10分钟，烤盘底部刷上一层橄榄油。

—— 烹饪要点 ——

如果希望得到更为焦脆的口感，可以适量增加橄榄油的量，延长烤制时间至25分钟。

4　土豆泥捏成小球，压成饼状，均匀放入烤盘中。

5　土豆饼上均匀撒上黑芝麻。

6　烤盘放入烤箱中层，上下火180℃烤20分钟即可。

无糖南瓜芝麻饼

⏱ 40 分钟　🥄 简单

▼ 原料

南瓜100克 ｜ 糯米粉30克
面粉30克

▼ 配料

黑芝麻10克 ｜ 橄榄油1茶匙
盐1/2茶匙

食材	热量
南瓜100克	22千卡
糯米粉30克	108千卡
面粉30克	105千卡
合计	235千卡

南瓜自带甜味，加上芝麻的香浓，整个饼的味道就已经调和出来了。配上糯米粉和面粉，小火少油煎成小饼，金黄香脆，饱腹又健康，非常适合做两餐间的小点心。

▼ 制作方法

1 面粉、糯米粉、盐混合均匀。

2 南瓜洗净，去皮，切块，上锅蒸熟。

3 南瓜和面粉揉匀成南瓜面团，分成小份，揉成圆球。

—— 烹饪要点 ——

可用白芝麻替代黑芝麻。

4 圆球压成圆饼状，撒上少许黑芝麻。

5 平底锅加入少许橄榄油烧热，小火将南瓜饼煎至两面金黄即可。

全麦面粉搭配酸奶，做出的面糊更为浓稠一些，综合了苹果酸酸甜甜的口味，让口感更加清爽，肠胃吸收得更轻松，如果配上一些圣女果或者当季水果，就更完美了。

全麦苹果酸奶松饼

⏱ 30 分钟　🍳 简单

▼ 原料

全麦面粉50克
苹果1个（约180克）┃ 酸奶80克
鸡蛋1个（约50克）

▼ 配料

泡打粉2克 ┃ 橄榄油1茶匙

食材	热量
全麦面粉50克	176千卡
苹果180克	94千卡
酸奶80克	58千卡
鸡蛋50克	72千卡
合计	400千卡

▼ 制作方法

1 苹果削皮，切成小丁。

2 鸡蛋打散，加入酸奶，搅拌均匀。

3 蛋液中加入全麦面粉和泡打粉，拌匀形成面糊。

—— 烹饪要点 ——

可以切一些小水果配餐，比如圣女果或者草莓等。

4 面糊中加入苹果碎、橄榄油，搅拌均匀。

5 平底锅开小火，摊入面糊，煎至两面金黄即可。

6 吃的时候蘸上酸奶，风味更佳。

无油蛋白
核桃酥饼

⏱ 90 分钟　🥄 高级

▼ 原料

核桃碎50克 ┃ 鸡蛋清50克

▼ 配料

细砂糖20克 ┃ 低筋面粉25克
白醋少许

食材	热量
核桃碎50克	323千卡
鸡蛋清50克	30千卡
合计	353千卡

将蛋白打发后烤制的饼干，不添加传统的奶油和黄油，更加健康低脂，而且能满足口腹之欲。再加入核桃仁这类坚果，口感丰富，酥脆香浓，还能补充营养和能量。

▼ 制作方法

1 鸡蛋清用打蛋器打至变白发泡，滴入少许白醋。

2 分三次向打发的蛋白中加入细砂糖，打至蛋白成稍具硬挺的霜状。

3 筛入低筋面粉和核桃碎，用刮刀轻轻拌成均匀的面糊。

4 用汤匙取20克左右的面糊，直接倒在烤盘上，聚拢成圆饼形状。

5 烤箱预热至150℃，将烤盘放于中层烤30分钟，120℃再烤20分钟。关火后用余温闷20分钟。

—— 烹饪要点 ——

1 饼干凉透后密封保存，否则容易受潮变软。

2 配方中不含油分和奶油制品，但口感松脆，蛋白和核桃的营养也很丰富。

3 蛋白霜内加入白醋是为了中和蛋腥味，因此一两滴白醋即可，也可以用柠檬汁替代。

燕麦作为大家耳熟能详的低卡饱腹高营养的食材，在加入了鸡蛋和面粉后，制成饼干，少油少糖，不仅管饱还控制了热量的摄入。烘烤后谷香浓郁，松脆可口。

低卡燕麦小圆饼

⏰ 90 分钟　🍲 简单

▼ 原料

即食燕麦80克 ┃ 鸡蛋1个（约50克）
低筋面粉50克 ┃ 玉米淀粉15克

▼ 配料

奶粉10克 ┃ 葵花子油10克
纯牛奶10毫升 ┃ 细砂糖20克
盐1克

食材	热量
即食燕麦80克	292千卡
鸡蛋50克	72千卡
低筋面粉50克	177千卡
玉米淀粉15克	52千卡
合计	593千卡

▼ 制作方法

1 鸡蛋混合牛奶，搅拌均匀。

2 加入葵花子油、奶粉、细砂糖，每加入一样，搅匀后再加下一样。

3 筛入低筋面粉、玉米淀粉、盐，搅拌成糊状。

4 加入燕麦搅拌均匀，捏成25克的小球，压成圆饼状，放入烤盘。

5 烤箱预热至180℃，将烤盘放入烤箱中层。

6 上火180℃、下火160℃烤25分钟，关火后用余温闷10分钟左右。

7 饼干凉透后密封保存即可。

—— 烹饪要点 ——

1 每个烤箱的温度有所差别，烤时注意观察火候。

2 坚果可以放核桃、松子、杏仁等。

3 饼干一定要凉透再密封，否则在密封状态下余温容易让饼干吸回水分导致回潮。

酸奶红薯泥

⏱ 90 分钟　🥄 简单

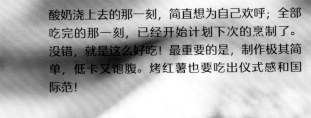

酸奶浇上去的那一刻，简直想为自己欢呼；全部吃完的那一刻，已经开始计划下次的烹制了。没错，就是这么好吃！最重要的是，制作极其简单，低卡又饱腹。烤红薯也要吃出仪式感和国际范！

▼ 原料

红薯400克 | 酸奶100毫升

▼ 配料

混合坚果40克

食材	热量
红薯400克	360千卡
酸奶100毫升	72千卡
混合坚果40克	202千卡
合计	634千卡

▼ 制作方法

1 烤箱预热200℃；红薯洗净后用锡纸包好，两端稍微卷一下，防止糖汁流出、弄脏烤箱。

2 入烤箱烤大约70分钟，稍大的红薯要多烤一会儿。

3 烤好后剥皮，压成泥，稍微散散热气。

—— 烹饪要点 ——

如果没有烤箱，也可以用蒸的方法，或者直接买一个烤好的红薯，再浇上酸奶也可以。

4 取一个平底小碗，将红薯泥盛入小碗中压实，反扣在盘子上。

5 然后把酸奶倒在红薯上，酸奶会流淌下来包裹住整个红薯泥。

6 最后撒上混合坚果就可以吃了。

酥香烤南瓜

⏱ 35 分钟　🍲 简单

▼ 原料

绿皮小南瓜1个

▼ 配料

海盐少许 ｜ 黑胡椒少许 ｜ 橄榄油1汤匙

食材	热量
绿皮南瓜300克	93千卡
合计	93千卡

--- 烹饪要点 ---

撒上少许盐，更能突出南瓜的香甜。也可以根据个人口味，撒上迷迭香、肉桂粉等香料。

▼ 制作方法

1 南瓜洗净、擦干水分，不需要去皮。

2 切去南瓜顶端的蒂，将南瓜均匀切成4瓣或者6瓣。

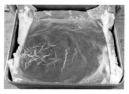

3 烤盘中铺上一张锡纸，并将烤箱预热200℃。

4 南瓜加入橄榄油、黑胡椒和海盐拌匀，放入烤箱中200℃烤30分钟左右即可。

海盐中的微量元素比普通食盐更为丰富，橄榄油也是天然的植物油脂，在西方被誉为"液体黄金"。简单的做法最能凸显食材的好味道。

红酒烤无花果

🕐 15 分钟　🍴 简单

无花果不仅可以作为水果生食，烤制过后的无花果口感更加软糯。一口吞下肚中，红酒特有的酒香还留在口中别有一番滋味。

▼ 原料

无花果3个 ｜ 红酒50毫升

▼ 配料

糖2汤匙 ｜ 蜂蜜1/2汤匙

食材	热量
无花果150克	89千卡
红酒50毫升	48千卡
合计	137千卡

▼ 制作方法

1 红酒和糖放入小锅，中小火煮至糖完全融化。

2 用勺子不断搅拌，直至红酒变得浓稠。

3 关火加入蜂蜜，再次将红酒汁拌匀。

—— 烹饪要点 ——

红酒加热后会发酸，糖和蜂蜜可以中和这种酸涩味道。如果在熬制红酒汁的时候再加上一片肉桂和几粒丁香，会更富有异国情调。

4 无花果洗净，切成4瓣。

5 烤箱预热180℃，将切好的无花果放入烤盘中，上下火180℃烤3分钟。

6 烤好的无花果即可出炉装盘，淋上红酒汁。

酸奶水果捞

⏰ 10分钟　🍽 简单

酸奶配水果是现在比较流行的一种搭配，酸奶中含有益生菌和蛋白质，搭配富含膳食纤维的水果，让肠道更健康。

▼ 原料

火龙果半个（约100克）▎香蕉1根（约80克）
猕猴桃1个（约80克）▎酸奶200毫升

食材	热量
火龙果100克	55千卡
香蕉80克	74千卡
猕猴桃80克	49千卡
酸奶200毫升	144千卡
合计	322千卡

▼ 制作方法

1 火龙果、香蕉、猕猴桃以自己喜欢的方式切成小方块，放入碗中。

2 将酸奶淋入水果中，搅拌均匀就可以了。

—— 烹饪要点 ——

最好用正当时令的水果，按照自己的口味来添加。

羽衣甘蓝脆片

⏱ 25分钟　🍲 简单

▼ 原料

羽衣甘蓝1棵

▼ 配料

橄榄油少许 ┃ 海盐适量

食材	热量
羽衣甘蓝300克	96千卡
合计	96千卡

烹饪要点

铺在烤盘中，尽量不要让叶片重叠到一起，这样烤出来的叶片才会酥脆。

▼ 制作方法

1 羽衣甘蓝洗净，顺着叶片的脉络撕成大片。

2 用厨房纸巾将叶子上多余的水分吸干。

3 叶片放入大碗中，加入少许橄榄油和海盐抓匀，使每片叶子上都均匀地附着油和盐。

4 将调味过的羽衣甘蓝叶片放入烤盘，170℃烤15分钟左右即可。

羽衣甘蓝的热量含量极低，而且叶片中含有非常多的膳食纤维，哪怕你是厨房新手，也可以轻松做出健康的小零食。

健康版鸡米花

⏰ 40分钟　🍲 简单

▼ 原料

鸡胸肉250克

▼ 配料

面包糠适量 ┃ 淀粉10克 ┃ 鸡蛋1个（约50克）
黑胡椒粉1茶匙 ┃ 盐1茶匙 ┃ 五香粉1茶匙

食材	热量
鸡胸肉250克	333千卡
鸡蛋50克	72千卡
合计	405千卡

——— 烹饪要点 ———

1 可以用刀背在整块鸡肉上多敲
　 几下，使鸡肉松散，做出来的
　 鸡米花口感不柴。

2 腌制的时间最好长一些，这样
　 鸡肉会更入味。

▼ 制作方法

1 鸡肉洗净，切成小
块，放入碗中，加入
盐、五香粉、黑胡椒粉
腌制20分钟左右。

2 鸡蛋磕入碗中打散；
淀粉放入鸡肉内，搅拌
均匀。

3 将裹好淀粉的鸡肉，
每块均匀裹上蛋液，再
裹一层面包糠。

4 然后放入空气炸锅，
200℃炸15分钟就可
以了。

个人觉得这么做出来的鸡米花比油炸版本的味道
好，而且不会摄入更多的油脂，很健康，趁热吃
起来吧。

坚果中含有优质的油脂，能健脑补脑，促进人体新陈代谢。每天适当吃一点，对身体很有好处，但是一次不能吃太多哦。

自制每日坚果

🕐 20 分钟　🍲 简单

▼ 原料

生腰果100克 ┃ 核桃仁100克 ┃ 巴旦木仁100克
花生仁100克

▼ 配料

葡萄干100克 ┃ 红枣200克

食材	热量
红枣200克	250千卡
葡萄干100克	344千卡
生腰果100克	559千卡
核桃仁100克	616千卡
花生仁100克	574千卡
巴旦木100克	618千卡
合计	2961千卡

▼ 制作方法

1 生腰果、核桃仁、巴旦木、花生仁放入烤箱中层，中火150℃烤10分钟左右。

2 将烤好的坚果拿出来晾凉，然后混合葡萄干和红枣，用小密封袋分装好即可。

烹饪要点

按照自己的喜好随意搭配坚果，一次不能吃太多。

167

枣夹核桃抱抱果

⏱ 60 分钟　🍲 简单

▼ 原料

新疆和田大枣干、昆明纸皮核桃各适量（该处用量根据自己一次想要做的分量自行调整，热量表中为1颗抱抱果的热量）。

食材	热量
干红枣1颗（约10克）	28千卡
核桃仁半个（约10克）	62千卡
合计	90千卡

—— 烹饪要点 ——

1　去枣核的工具可以在淘宝买到。
2　可以直接购买核桃仁。

▼ 制作方法

1 红枣洗净后晾晒干水分，用去核器挖去枣核。

2 去核后的红枣，在圆心处对半剪开一边，剩下一边保持连接。

3 一个核桃取出对半两块核桃仁，尽量保留完整。

4 将核桃仁夹入红枣当中包裹起来即可。

红枣软绵香甜，补血养颜。核桃香脆爽口，富含蛋白质和矿物质。把完整的核桃仁夹在红枣肉中，搭配出来的口感甜香爽脆。关键是无烹饪环节，保留了纯天然的营养成分，是非常好的一款零食。

豆乳寒天

⏱ 30分钟 🍚 中等

▼ 原料

葛根粉30克 ｜ 寒天粉5克
豆浆200毫升

▼ 配料

清水200毫升 ｜ 红糖适量
黄豆粉适量

食材	热量
葛根粉30克	107千卡
寒天粉5克	15千卡
豆浆200毫升	28千卡
合计	150千卡

豆浆是一种营养极高的日常好饮品，其中的蛋白质含量与牛奶不相上下。此外，豆浆中还富含大豆异黄酮和大豆磷脂，可以调节女性的内分泌。

▼ 制作方法

1 小锅内倒入葛根粉、寒天粉与清水混合均匀。

2 开小火加热，并不断搅拌均匀，直至粉末全部融化。

3 逐渐加入少量豆浆，同时不停搅拌防止糊锅。

—— 烹饪要点 ——

葛根粉是野葛的块根，经水磨而析出的一种淀粉。如果家中没有，也可以用其他淀粉代替。

4 混合好后，将煮好的液体倒入容器中。盖上盖子放入冰箱冷却2小时以上。

5 将凝固的豆乳寒天切成喜欢的大小。

6 撒上适量黄豆粉和红糖即可享用。

火龙果奶冻

⏰ 60 分钟　🍽 简单

▼ 原料

红心火龙果1个（约150克）

▼ 配料

椰奶100毫升 ▎吉利丁片2片

食材	热量
火龙果150克	83千卡
椰奶100毫升	127千卡
合计	210千卡

───── 烹饪要点 ─────

椰奶有点甜度，所以没放糖，喜欢吃甜的可以适当放一些白砂糖。

▼ 制作方法

1 横着把火龙果的顶端切掉，将火龙果竖着放到碗中，用勺子在中间挖出一个洞。

2 将椰奶和吉利丁片放入小锅中，熬至化开，然后在室温下晾凉。

3 将椰奶汁倒入火龙果内，封上保鲜膜，入冰箱冷藏两三小时即可。

火龙果加椰奶也是自己发明的创新搭配，出来后效果很不错，也给了自己一个惊喜。

可当成一道主食，也可以作为下午茶的甜点，造型好看，制作过程也非常简单。

酸奶果仁紫薯泥

⏰ 20分钟　　🍲 简单

▼ 原料

紫薯200克 ┃ 酸奶100克

▼ 配料

坚果仁10克 ┃ 蜂蜜2茶匙

食材	热量
紫薯200克	212千卡
酸奶100克	72千卡
合计	284千卡

烹饪要点

不喜欢吃甜食的可以不加蜂蜜。

▼ 制作方法

1 紫薯洗净，去皮，切成小块，放入锅中，大火蒸10分钟，至筷子能扎透即可。

2 紫薯放入碗中，碾成泥状，倒入蜂蜜搅拌均匀。

3 把酸奶淋在紫薯泥上，表面撒上坚果即可。

秋葵土豆泥

⏱ 5分钟　👐 简单

土豆的淀粉含量比较多，单一食用比较乏味。秋葵的加入会促进消化，也补充了维生素。

▼ 原料

土豆2个（约200克）
秋葵七八根（约100克）

▼ 配料

火腿片5片 ▏盐1茶匙 ▏葱1段
生抽2茶匙 ▏蚝油1茶匙 ▏油2茶匙

食材	热量
土豆200克	162千卡
秋葵100克	25千卡
合计	187千卡

—— 烹饪要点 ——

土豆泥比较干，可以加入一些牛奶，就变成有奶香味的土豆泥了。

▼ 制作方法

1 土豆洗净，去皮，切块，放入蒸锅中，蒸10分钟取出，捣成土豆泥备用。

2 火腿片切成小丁。将盐和火腿丁加入土豆泥中，搅拌均匀。

3 秋葵洗净，放入沸水中氽烫30秒左右，至变成深绿色捞出。

4 去掉秋葵的顶端，切成半厘米左右的小块。

5 取一个小碗，将秋葵均匀码入碗底，中心用土豆泥填满。

6 用一个盘子扣在小碗上，将秋葵和土豆泥倒扣在盘子上。

7 葱切成葱花。中火将锅加热，加入油，爆香葱花，倒入生抽和蚝油翻炒。

8 再加入适量清水，熬制浓稠成调味汁，然后淋在秋葵土豆泥上即可。

哈密西柚胡萝卜

⏱ 10分钟　🍳 简单

哈密瓜中含有丰富的抗氧化剂，能够减少皮肤黑色素的形成，祛斑美白。西柚中的维生素P能增强皮肤的代谢功能，胡萝卜中的膳食纤维则可润肠通便。

▼ 原料

哈密瓜1/4个（约100克）
西柚半个（约100克）
胡萝卜1小根（约75克）

食材	热量
哈密瓜100克	34千卡
西柚100克	33千卡
胡萝卜75克	24千卡
合计	91千卡

▼ 制作方法

1　哈密瓜洗净外皮，对半切开。

2　用勺子挖出瓜子，然后用削皮器削去瓜皮，切成小块。

3　西柚切成六瓣，取其中三瓣剥皮去子，剥出西柚果肉。

4　留一小块较为完整漂亮的西柚肉备用。

5　胡萝卜洗净，切去根部，然后切成小块。

6　将哈密瓜块、西柚肉、胡萝卜块一起放入榨汁机，搅打均匀后倒入杯中，将步骤4 预留的西柚肉摆放在最上面即可。

—— 烹饪要点 ——

挑选胡萝卜时，应选择外皮光滑、有光泽、纹路少而饱满的个体，如果还带有鲜嫩的胡萝卜缨最好，这样的胡萝卜水分多、甜度大，打汁特别好喝。

三种绿色的蔬果打出的果汁，看着就清爽宜人。堪称瘦身小能手的水果黄瓜，单是咀嚼和消化它所要付出的热量就要高于它本身的热量；西芹中满满都是膳食纤维，润肠通便功效极佳；再搭配富含维生素C的猕猴桃，让你的舌尖和身体都仿若置身于绿色森林一般。

黄瓜西芹猕猴桃

⏱ 5分钟　🍲 简单

▼ 原料

水果黄瓜1根（约60克）
西芹200克 ┃ 猕猴桃1颗（约60克）

食材	热量
水果黄瓜60克	9千卡
西芹200克	32千卡
猕猴桃60克	37千卡
合计	78千卡

▼ 制作方法

1 水果黄瓜洗净外皮，切去两端。

2 切成小块，放入果汁机。

3 西芹择去叶，切去根部，洗净沥干水分。保留一小片嫩叶备用。

4 将西芹切成小段，放入果汁机。

5 猕猴桃切去两端，用汤匙紧贴皮插进果肉并旋转，使汤匙在果皮与果肉间滑动，取出完整的果肉，放入果汁机。

6 搅打均匀后倒入杯中，点缀上步骤3预留的芹菜叶即可。

—— 烹饪要点 ——

西芹相较于普通芹菜，水分多、膳食纤维较少，打汁口感更佳，所以不建议用普通芹菜来代替。

纤体奶昔

⏱ 10分钟　　☕ 简单

俗话说"七分吃、三分练"。每个女生都希望自己有着超模的身材，锻炼是一方面，吃也是很重要的环节。自己做一款低卡的健康奶昔，给努力的自己一个奖励。

▼ 原料

蓝莓100克 ∥ 红心火龙果100克 ∥ 牛奶250毫升

食材	热量
蓝莓100克	57千卡
红心火龙果100克	60千卡
牛奶250毫升	135千卡
合计	252千卡

▼ 制作方法

1 蓝莓洗净，火龙果去皮，切成小块放入料理机中。

2 牛奶倒入料理机中，将所有材料打成顺滑状，倒入杯中即可。

—— 烹饪要点 ——

可按照个人口味任意搭配水果。

薯味牛奶饮

⏰ 20分钟　🍵 简单

红薯的绵密加上牛奶的顺滑，既不会担心多余的糖分摄入，也不会只有牛奶的单一口感。

▼ 原料

红薯150克 ｜ 牛奶200毫升

食材	热量
红薯150克	135千卡
牛奶200毫升	108千卡
合计	243千卡

烹饪要点

1　要选择红心的红薯，蒸出来软绵绵的。
2　红薯越多，口感就越浓稠。

▼ 制作方法

1　红薯洗净，放入蒸锅中，大火蒸10分钟至熟透。

2　蒸好的红薯放入搅拌机中，加入牛奶，搅拌至顺滑，倒出即可。

柔滑香浓的牛油果，搭配酸甜的养乐多，口感丰富，而且能清除体内垃圾，提高人体的代谢。

牛油果乐多多清肠奶昔

🕐 10分钟　🍽 简单

▼ 原料

牛油果1个（约100克）▮ 养乐多3瓶（300毫升）

食材	热量
牛油果100克	160千卡
养乐多300毫升	207千卡
合计	367千卡

--- 烹饪要点 ---

如果作为果酱搭配面包，养乐多减少至1瓶即可，否则太稀了。

▼ 制作方法

1 牛油果削皮去核，切块。

2 将牛油果和养乐多混合。

3 倒入榨汁机内榨汁即可。

蔬果蜂蜜排毒果汁

⏰ 10分钟　🍲 简单

这款果汁口味酸甜，清爽可口。西芹大量的粗纤维可加速肠胃的蠕动，配上番茄和蜂蜜，能起到排毒养颜的作用。

▼ 原料

番茄1个（约250克）┃西芹3根（约150克）

▼ 配料

蜂蜜2茶匙（约10毫升）

食材	热量
番茄250克	48千卡
西芹150克	18千卡
蜂蜜10毫升	32千卡
合计	98千卡

▼ 制作方法

1 西芹洗净、切段。

2 番茄洗净、切块。

3 将两种食材放入果汁机中，加入蜂蜜，榨汁即可。

—— 烹饪要点 ——

没有蜂蜜的话，也可以用同等量的细砂糖替代。

火龙果分成红肉和白肉两种，红肉打成果汁，颜值非常高。火龙果是富含植物蛋白的水果，和香蕉搭配，能起到补充身体能量、饱腹健体的效果，而且热量很低。

火龙果高蛋白酸奶汁

⏰ 10分钟　🍲 简单

▼ 原料

火龙果半个（约100克）┃香蕉1根（约100克）
脱脂酸奶125毫升

食材	热量
火龙果100克	51千卡
香蕉100克	91千卡
脱脂酸奶125毫升	100千卡
合计	242千卡

—— 烹饪要点 ——

1　红肉或者白肉的火龙果都可以，红肉打出来的果汁更好看些。

2　没有脱脂酸奶时，可用普通酸奶替换。

▼ 制作方法

1　火龙果剥皮，切块。

2　香蕉剥皮，切成小段。

3　将两种食材与酸奶混合，倒入榨汁机榨汁即可。

南瓜鸡蛋羹

⏰ 15 分钟　🍲 简单

▼ 原料

小南瓜1个（约150克）

▼ 配料

鸡蛋2个（约100克）｜牛奶50毫升｜生抽2茶匙

食材	热量
小南瓜150克	35千卡
鸡蛋100克	144千卡
合计	179千卡

烹饪要点

可以在蒸蛋里放一点火腿丁或者虾仁，这样味道会更加鲜美。

▼ 制作方法

1 小南瓜洗净，横刀切开，把盖子去掉，挖去里面的子。

2 鸡蛋打散，加入牛奶搅拌均匀。

3 把牛奶鸡蛋液倒入南瓜盅里，盖上保鲜膜。

4 放入蒸锅中，大火蒸10分钟左右，出锅后淋上生抽即可。

金灿灿的南瓜，配上软糯的鸡蛋，香气扑鼻。南瓜在主食里属于热量比较低的，还有丰富的膳食纤维，是很好的减肥食材。

银耳红枣羹

⏱ 140 分钟　🍲 简单

银耳富含植物胶原蛋白，红枣补气养血。这道羹具有细腻柔滑的口感，不管是冷藏还是热饮，都是一种享受，而且热量极低，对于怕胖的人群来说是很好的滋补佳品。

▼ 原料

干银耳半朵（约15克）
干红枣10颗（约30克）

▼ 配料

枸杞子10克

食材	热量
干银耳15克	30千卡
干红枣30克	83千卡
合计	113千卡

▼ 制作方法

1 银耳提前一晚泡发，至完全膨胀。

2 枸杞子、红枣洗净后备用。

3 银耳撕成小片，放入炖锅中，加入红枣，倒入1500毫升清水。

4 用炖锅熬煮2小时，撒入枸杞子，焖10分钟即可。

烹饪要点

1　购买银耳时，要选择颜色自然的，过于白净或者过于发黄的都不好。
2　红枣甜度比较高，不加糖也有自然的甜味。
3　可根据自己喜好的浓稠度，调整清水的比例。
4　虽然炖煮时间较长，但其实制作步骤很简单，用炖锅头天晚上提前炖好，早上起来直接喝，非常方便。

夏日里的乌梅汤，生津解渴，人人爱喝，与其买现成的饮料，不如去药店称一些乌梅，在家自制。加入几颗小金橘，不仅仅是为了更好喝，柑橘类水果中所富含的维生素C也能起到很好的保护眼睛的作用。

金橘乌梅饮

⏱ 15 分钟　🍲 简单

▼ 原料

青金橘3颗（约50克）
乌梅6颗（约50克）┃冰糖10克

▼ 配料

饮用水600毫升

食材	热量
青金橘50克	29千卡
乌梅50克	0千卡
冰糖10克	40千卡
合计	69千卡

▼ 制作方法

1　金橘洗净，擦干水分。

2　对半切开后，再切成薄片。

3　乌梅淘洗干净，沥去水分。

4　将乌梅、金橘片放入花茶壶，加入冰糖。

5　饮用水烧开，注入花茶壶内。

6　将冰糖搅拌至溶化后，晾凉即可饮用。

—— 烹饪要点 ——

1　新鲜的乌梅不宜直接泡水，请购买药店已经预处理过的乌梅干。
2　儿童及生理期、分娩期的女性应避免饮用乌梅饮品。

酸奶燕麦杯

⏱ 35分钟　🍲 中等

燕麦片是没有去除外层部分的全谷，所以外层的大量营养物质能够较多地保留下来。燕麦片还有很强的饱腹感，毕竟吃饱了才有力气减肥。

▼ 原料

香蕉1根 ▎ 燕麦片100克

▼ 配料

蜂蜜50克 ▎ 酸奶适量

食材	热量
香蕉200克	182千卡
燕麦100克	368千卡
合计	550千卡

▼ 制作方法

1 香蕉切成片放入碗中，用勺子压成泥。选择成熟度高的香蕉更容易压成香蕉泥。

2 加入蜂蜜和燕麦片，搅拌均匀，调成黏稠的糊。

3 取一大勺食材，放入模具中，捏成薄厚均匀的燕麦杯。

4 预热烤箱170℃，烤20分钟左右，如果喜欢松脆口感可以多烤二三分钟。

5 将燕麦杯取出，放凉后脱模。

6 在燕麦杯中倒上喜欢口味的酸奶即可。

—— 烹饪要点 ——

制作燕麦杯之前，在模具中薄薄地抹上一层黄油，可以更方便脱模。如果模具有不粘涂层可以省略这个步骤。

图书在版编目（CIP）数据

轻料理. 低卡减脂家常菜 / 萨巴蒂娜主编. — 北京：
中国轻工业出版社，2025.5

ISBN 978-7-5184-2649-2

Ⅰ.①轻… Ⅱ.①萨… Ⅲ.①减肥—家常菜肴—菜谱
Ⅳ.① TS972.12

中国版本图书馆 CIP 数据核字（2019）第 190738 号

责任编辑：胡　佳

策划编辑：高惠京　　　责任终审：劳国强　　封面设计：王超男

版式设计：锋尚设计　　责任校对：李　靖　　责任监印：张京华

出版发行：中国轻工业出版社（北京鲁谷东街5号，邮编：100040）

印　　刷：北京博海升彩色印刷有限公司

经　　销：各地新华书店

版　　次：2025年5月第1版第28次印刷

开　　本：720×1000　1/16　印张：11.5

字　　数：200千字

书　　号：ISBN 978-7-5184-2649-2　定价：39.80元

邮购电话：010-85119873

发行电话：010-85119832　010-85119912

网　　址：http://www.chlip.com.cn

Email：club@chlip.com.cn

250729S1C128ZBQ